westermann

WELT DER ZAHL 1

Herausgegeben von
Prof. Dr. Thomas Rottmann
Gerhild Träger

Erarbeitet von
Steffen Dingemans, Jörg Franks, Claudia Neuburg,
Kerstin Peiker, Prof. Dr. Andrea Peter-Koop,
Prof. Dr. Thomas Rottmann, Michaela Schmitz, Gerhild Träger

Die Länderausgabe wurde erarbeitet von
Viola Auerswald, Lutz Bassin, Jana Behrens-Timm,
Dr. Nadja Karpinski-Siebold, Heike Keller,
Ulrike Krenz, Karla Werner

Unter Beratung von
Rosemarie Reiß

Inhaltsverzeichnis

Prozessbezogene Kompetenzen

P Problemlösen / kreativ sein; **M** Modellieren; **A** Argumentieren; **K** Kommunizieren; **D** Darstellen

Zahlen bis 10

> **1** Strichlisten ergänzen.
> **2** Punkte zeichnen.
> **3** Mengen mit Plättchen legen und zählen.
> **Inklusionsmaterial** zum Kapitel: Heft A1 und A2

1

6   7   8   9   10

2

7   9   6

3

Meine Lieblingszahl

› **1** Strichlisten ergänzen.
› **2** Punkte zeichnen.
› **3** Zahlenposter erstellen.

> **1–4** Töne zählen. So viele Punkte oder Striche zeichnen oder Zahl schreiben.
> **5–6** Zahl ausdenken, so oft springen oder antippen. Das andere Kind nennt die passende Zahl.
> **7** Schnappi falten und mit anderen Kindern spielen.

1

2

| 2 | 1 | 4 | 3 |

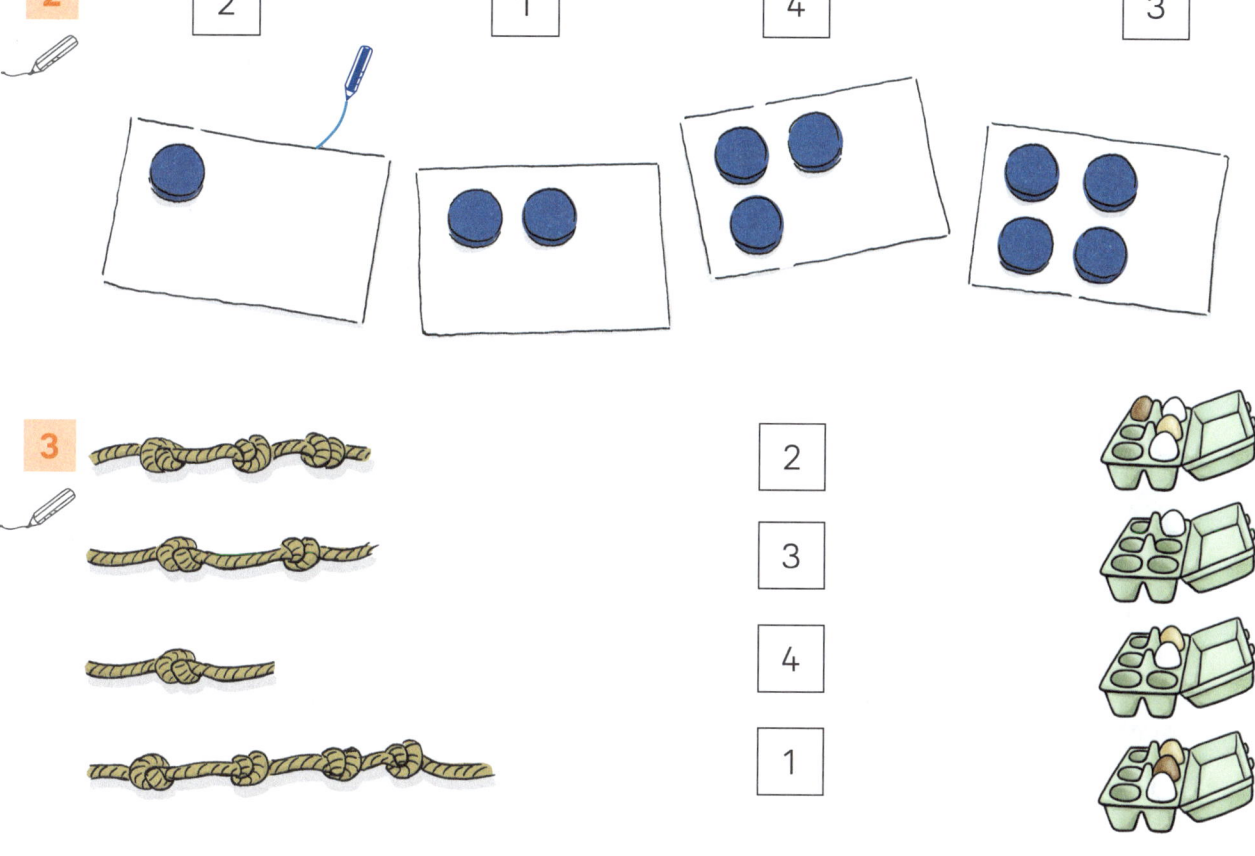

3

| 2 |
| 3 |
| 4 |
| 1 |

4

5

6

› Beginn des Ziffernschreibkurses im Arbeitsheft. Lerntagebuch „Mein Zahlenheft" anlegen (Kopiervorlage).
› **1** Mengen/Ziffern erfühlen. **2–3** Punkte, Knoten und Eierschachteln mit Ziffern verbinden.
› **4–5** Ziffern nachlegen und balancieren, nachschreiben oder nachspuren, dabei Bewegungsrichtung beachten.
› **6** Kinder spielen „Himmel und Hölle"-Spiel

› **AH** Seite 1–10
› **FÖ** Seite 1–10
› **FO** Seite 1

7

› **1** Womit spielen die Kinder? Linien zuerst mit dem Auge folgen, dann farbig nachzeichnen.

› **2** Schattenbilder zuordnen.

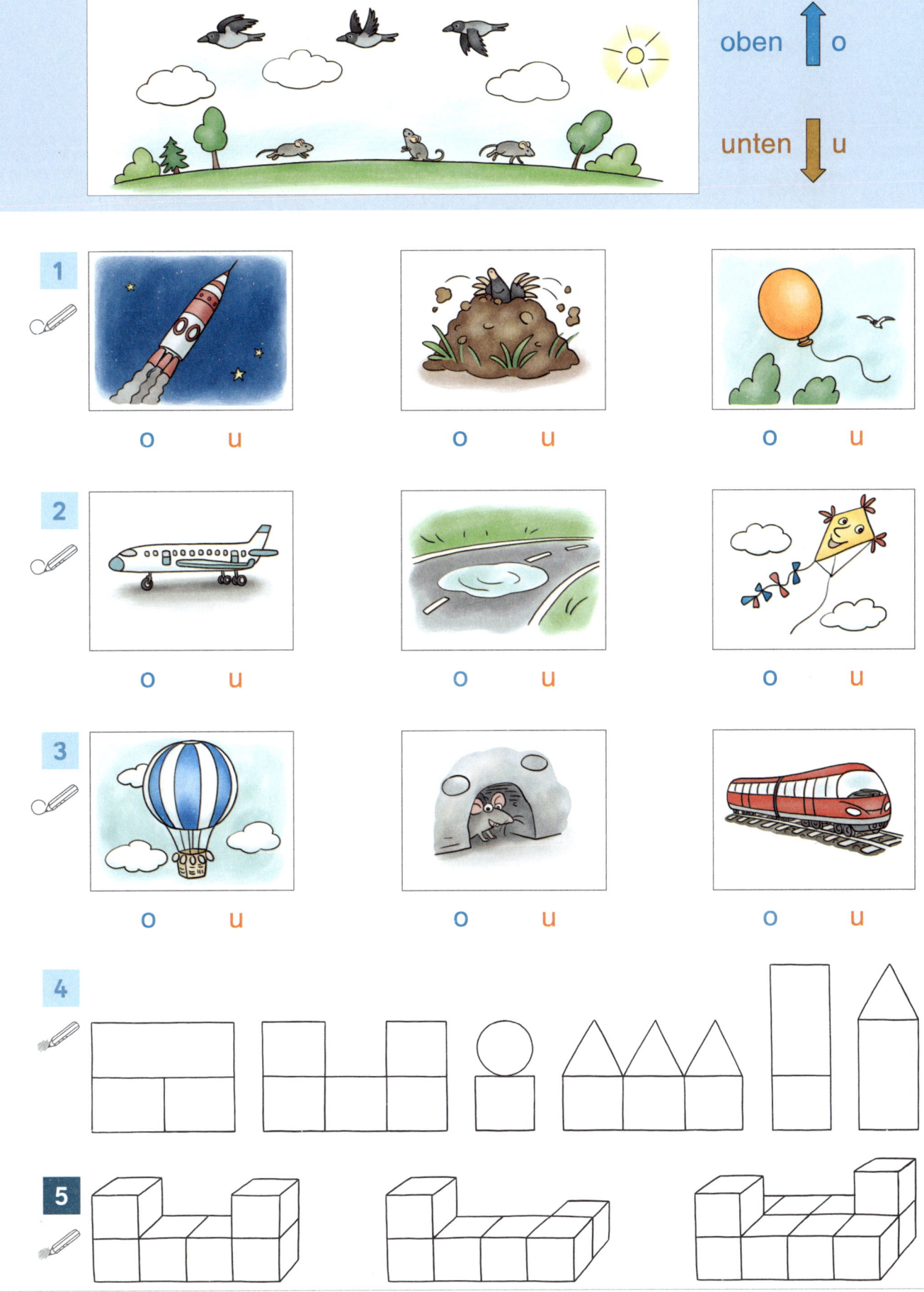

oben ↑ o

unten ↓ u

1   o   u   o   u   o   u

2   o   u   o   u   o   u

3   o   u   o   u   o   u

4

5

› 1–3 Oben oder unten einkreisen.
› 4–5 Geometrische Formen oder Bausteine mit entsprechenden Farben färben.
› 1–5 Es sind mehrere Lösungen möglich, je nach Perspektive. Im Gespräch erläutern.

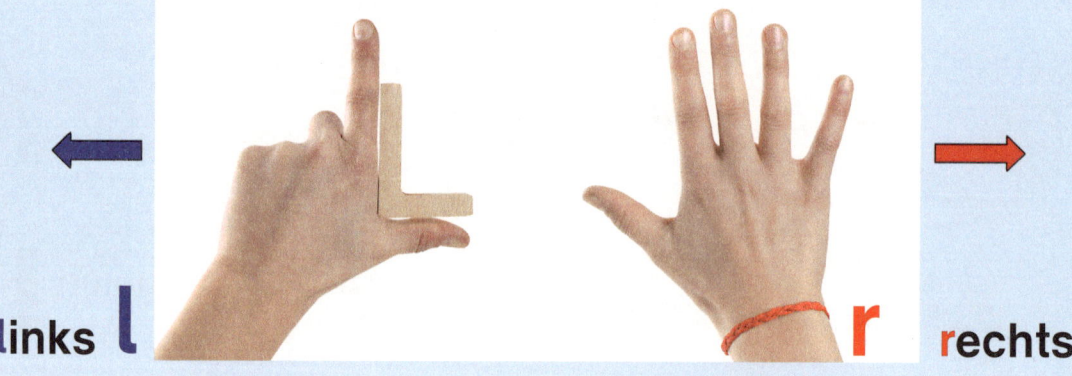

links **l**   **r** rechts

1

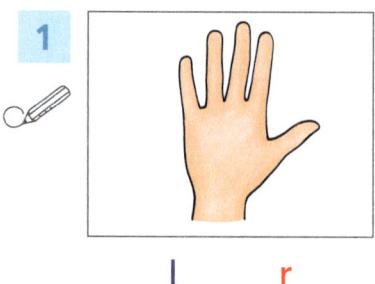

l   r

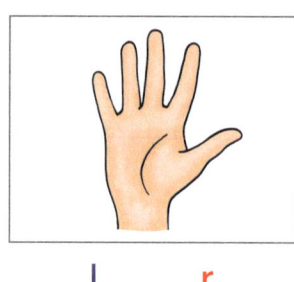

l   r

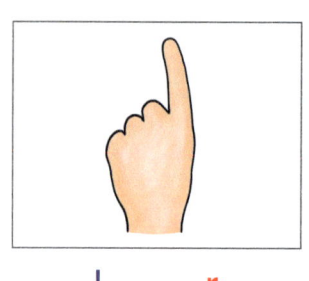

l   r

2

l   r

l   r

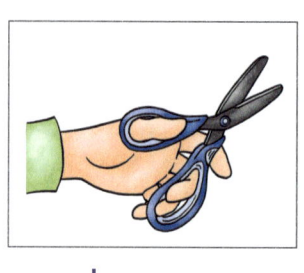

l   r

3

l   r

l   r

l   r

4

Rucki-Zucki-Tanz

Singt und bewegt euch zum Lied.

Erst kommt der linke Arm hinein, und dann kommt er wieder raus, und dann kommt er wieder rein, und dann schütteln wir ihn aus.

› **1–3** Was stimmt? Links oder rechts einkreisen.

› AH Seite 11
› FO Seite 5

› **1–5** Die Lage der Gegenstände/Zahlen/Punkte mit den Fachbegriffen oben, unten, links, rechts beschreiben und nach Vorgabe durch die Lehrkraft färben.   **6** Anzahl der verschiedenen Tiere bestimmen und Richtung angeben, durch Punkte/Striche die Zahlen in der Tabelle erfassen. Es sind verschiedene Lösungen möglich. Im Gespräch erläutern.
› Nach dieser Seite empfiehlt sich Diagnosetest D1.

1

✋	3	•	‖
☝	1	⁚	∣
✌	2	⁝	‖‖
🖐	5	⁚⁚	‖‖
🖐	6	⁙	卌∣
🖐✋	4	⁚⁚⁚	卌

2

🖐✋	7	⬜ ⬜	卌∣
🖐☝	8	⁙ •	卌‖
🖐✌	10	⬜ ⬜	卌‖‖
🖐🖐	6	⬜ ⬜	卌‖‖
🖐🖐	9	⁙ ⁚⁚	卌卌

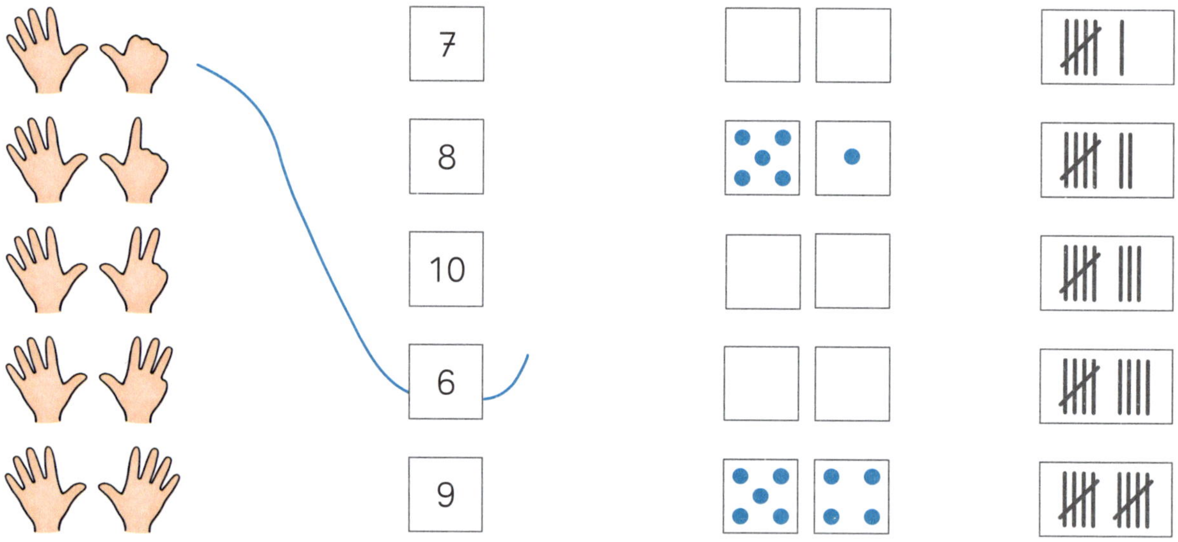

3 Würfelsport

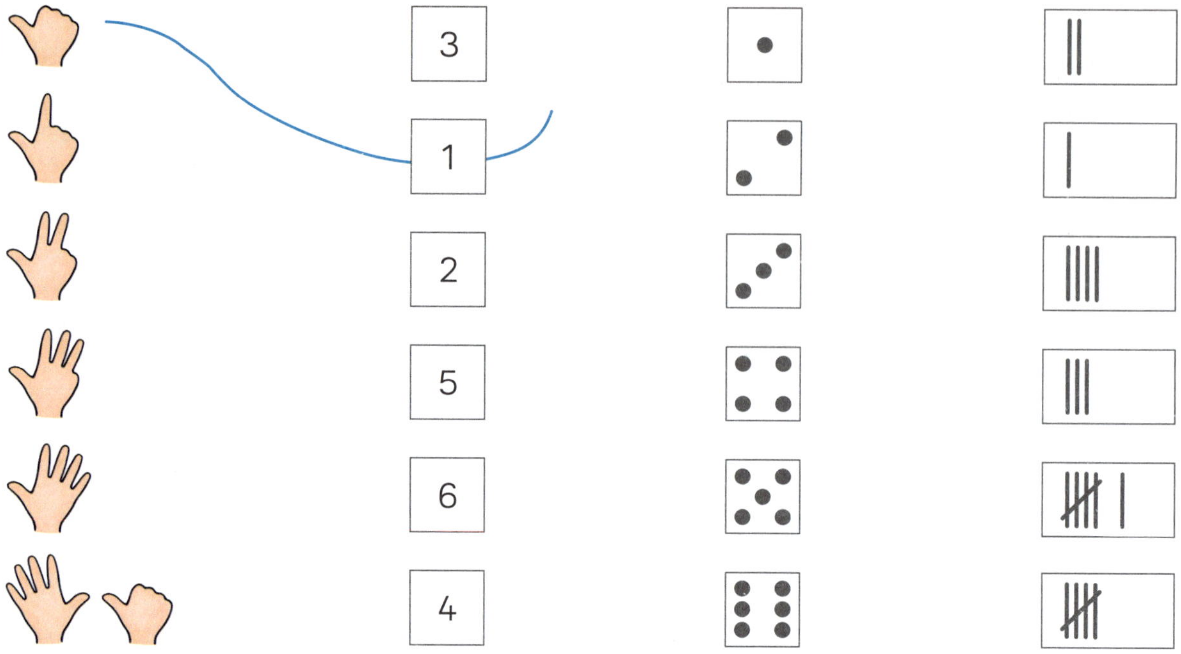

Ein Kind benennt eine sportliche Übung (z.B. Hampelmann oder Kniebeuge). Ein weiteres Kind würfelt mit dem Würfel.
Alle Kinder machen je nach Augenzahl die benannte Übung.

› **1–2** Fingerbild, Würfelzahl, Strichliste mit Ziffern verbinden.
› **2** Würfelzahl ergänzen.
› **Inklusionsmaterial** zum Kapitel: Heft A1 und A3

› **AH** Seite 12
› **FÖ** Seite 11

12

2 Immer 3.

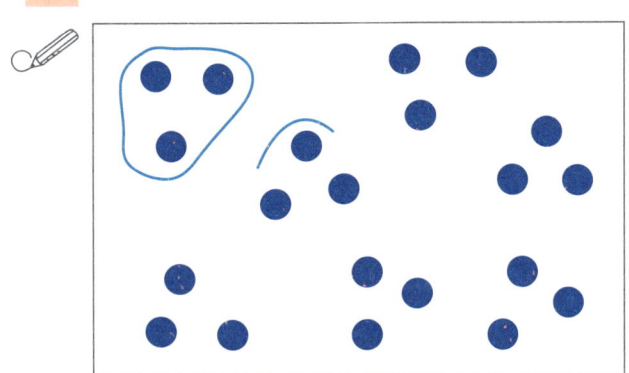

3 Immer 4.

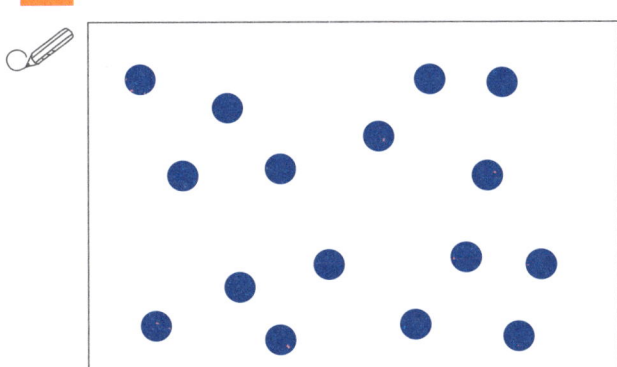

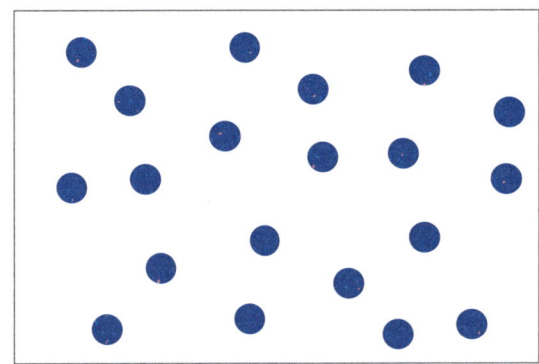

4 Immer 5.

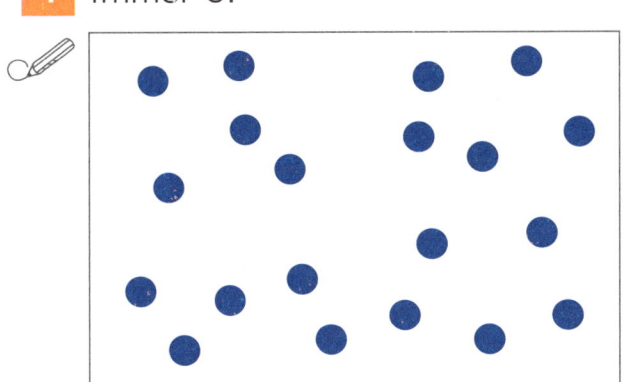

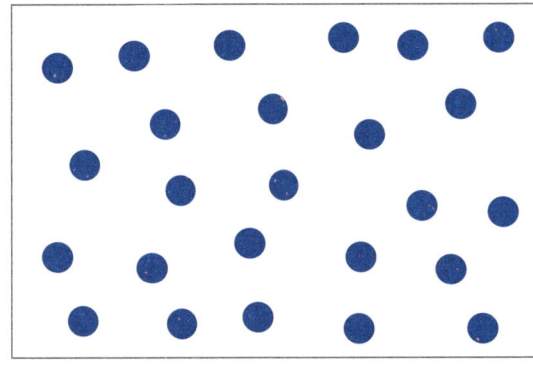

› **1** Atomspiel: Lehrkraft zeigt eine Zahl. Kinder bilden passende Gruppen.
› **2 – 4** Geforderte Anzahl an Punkten einkreisen.

1

2

 5

3

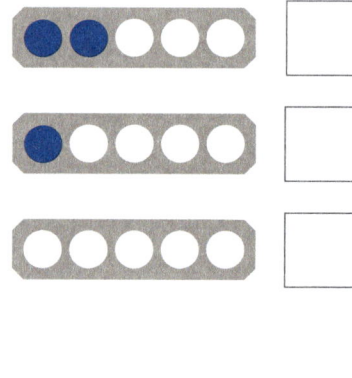 3 / 5

 2 / 4

4 Blitz-Sehen bis 5

Ein Kind legt verdeckt Plättchen
in ein Rechenschiff. Es hebt
den Sichtschutz kurz hoch.
Das andere Kind nennt
die Anzahl.

> **1–2** Anzahl eintragen.
> **3** Passende Anzahl an Plättchen anmalen.

1

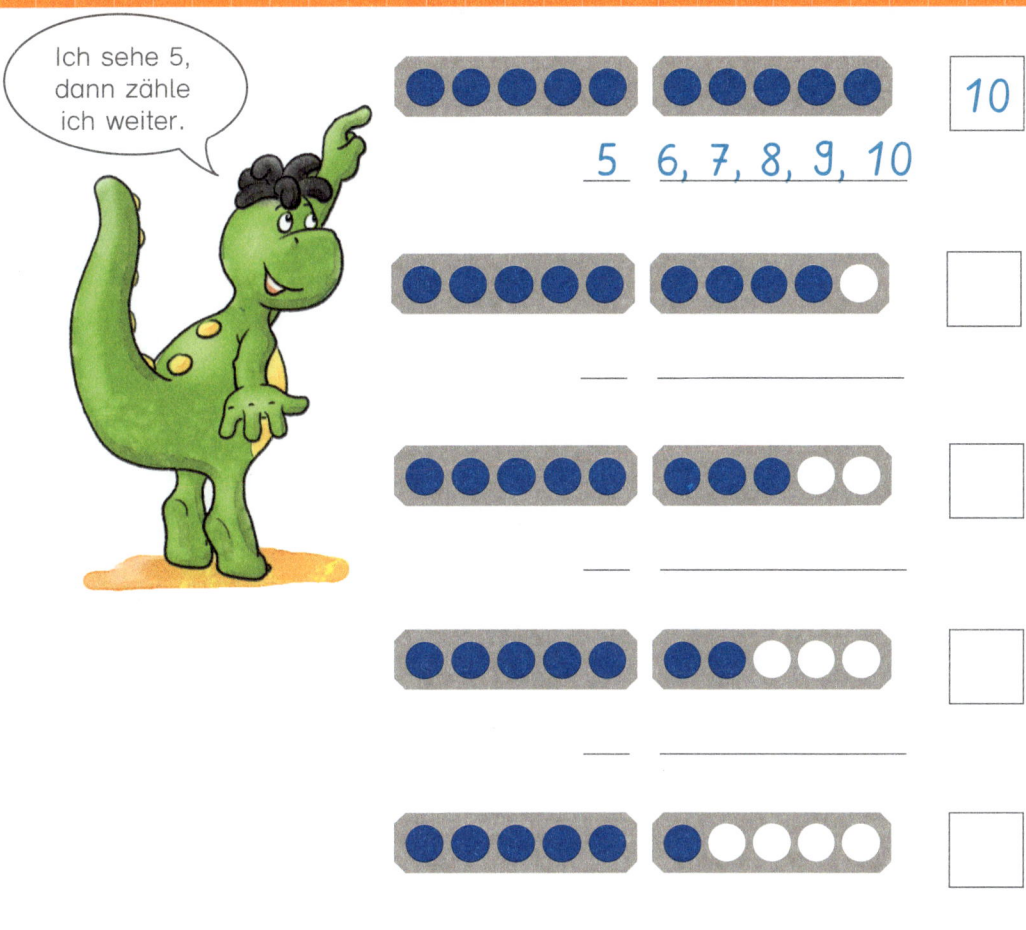

Ich sehe 5, dann zähle ich weiter.

10

5   6, 7, 8, 9, 10

2

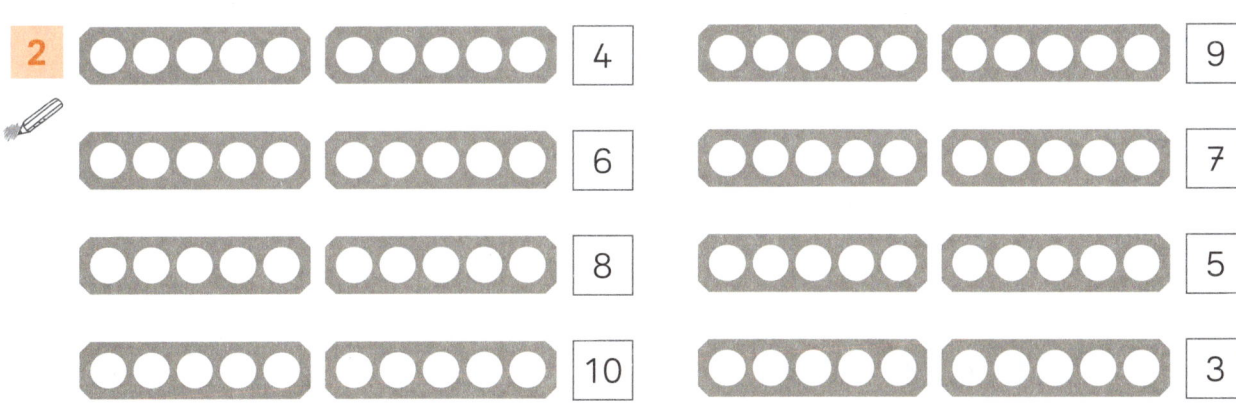

	4		9
	6		7
	8		5
	10		3

3 **Blitz-Sehen bis 10**

Ein Kind legt verdeckt Plättchen in zwei Rechenschiffe. Es hebt den Sichtschutz kurz hoch. Das andere Kind nennt die Anzahl.

7

› 1 Anzahl eintragen, Kraft der 5 nutzen.
› 2 Passende Anzahl an Plättchen anmalen.

› FÖ Seite 12
› FO Seite 2

15

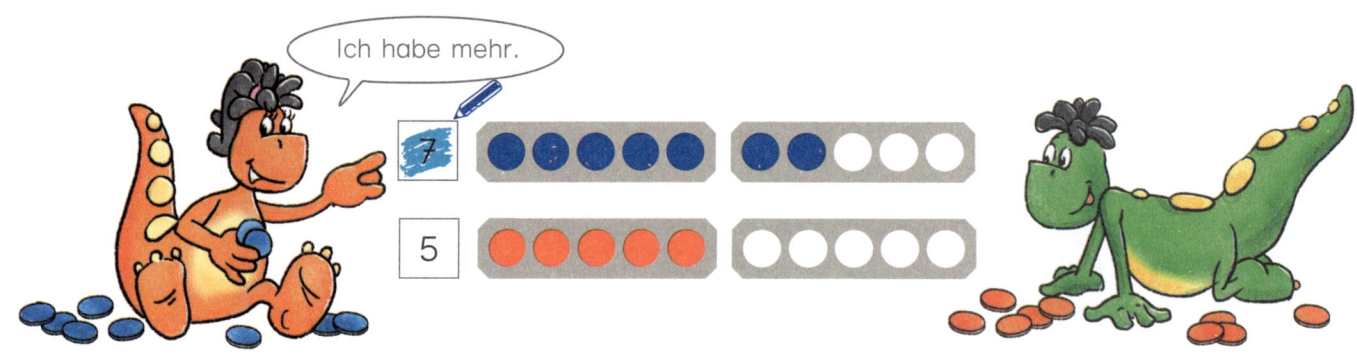

1 Zieht zwei Zahlenkarten. Legt dazu Plättchen in Rechenschiffe. Wer hat mehr?

2 Wie viele Plättchen sind es? Wo sind es mehr?

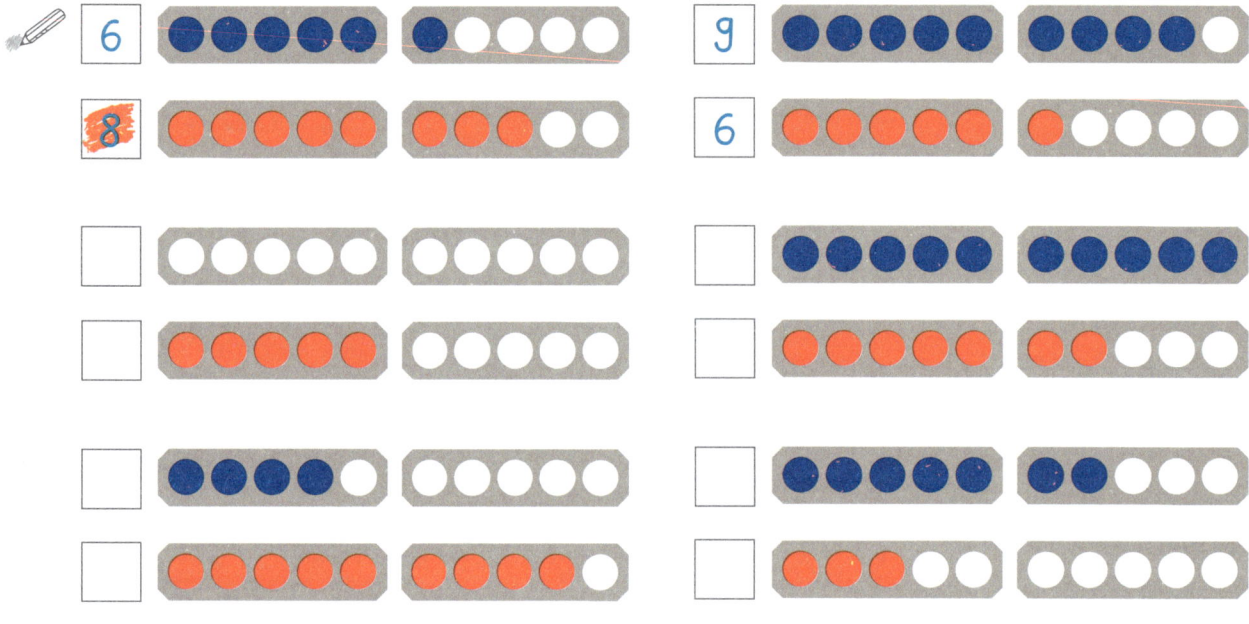

3 Wo sind weniger?

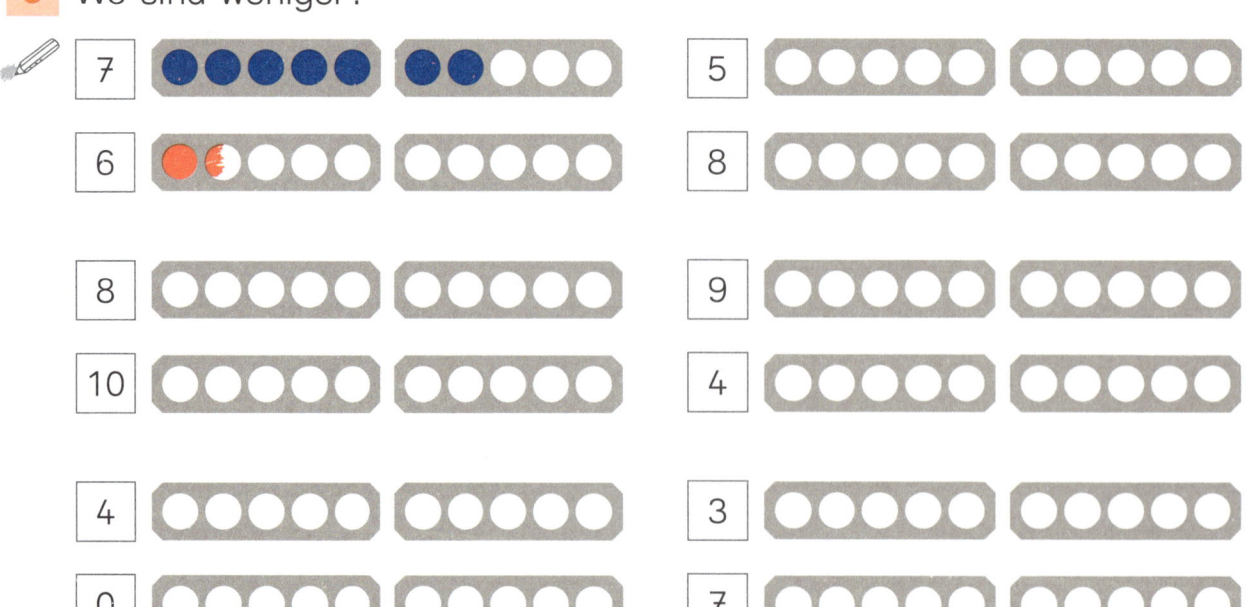

› **1** Zahlenkarten ziehen, legen und vergleichen. **2** Anzahlen eintragen, vergleichen und passende Zahlenkarte färben. › **AH** Seite 13
› **3** Plättchen anmalen, vergleichen und passende Zahlenkarte färben.

16

1 Wie viele sind es? Wie viele sind es mehr?

6 ● ● ● ● ● | ● ○ ○ ○ ○

4 ● ● ● ● ○ | ○ ○ ○ ○ ○

_2_ mehr

☐ ● ● ● ● ● | ● ● ● ● ○

☐ ● ● ● ● ● | ○ ○ ○ ○ ○

___ mehr

☐ ● ● ● ● ● | ○ ○ ○ ○ ○

☐ ● ● ● ● ● | ● ● ● ● ○

___ mehr

2 Wie viele sind es? Wie viele sind es weniger?

☐ ● ● ● ● ● | ● ● ● ○ ○

☐ ● ● ● ● ● | ● ● ○ ○ ○

___ weniger

☐ ● ● ● ● ● | ● ● ● ● ●

☐ ● ● ● ● ● | ○ ○ ○ ○ ○

___ weniger

☐ ● ● ● ● ● | ● ● ○ ○ ○

☐ ● ● ● ● ● | ● ● ● ● ○

___ weniger

3 Plättchen sammeln

Zieht Ziffernkarten. Jedes Kind
legt seine Zahl mit Plättchen.
Wer hat mehr?
Jedes Kind sammelt die
Plättchen, die es mehr hat.
Wer hat zuerst 10 Plättchen?

Ich habe 2 mehr.
Die behalte ich.

› 1–2 Anzahlen eintragen, Unterschied bestimmen und passende Zahlenkarten färben.

› **AH** Seite 14
› **FÖ** Seite 13
› **FO** Seite 3

17

1

2

1 | 2 | | | 5 | |

1, 2, 3, ...

3

1 | | | | | 6 | |

4

| | | | | | | | 8 | | | 11 |

5

5 | 6 | 7 | |

7 | 8 | | |

6

6 | | 8 | |

0 | | | 3 |

7

| 5 | 6 | |

| | 8 | | 10 |

8

| | | | 4

| | | | 12

9

| | | |

| | | |

> **1** Kinder ziehen Zahlenkarten und stellen sich sortiert auf.
> **2−8** Fehlende Zahlen der Zahlenreihe eintragen.
> **9** Eigene Aufgaben: Selbst Ausschnitte der Zahlenreihe aufschreiben.

> **AH** Seite 15
> **FÖ** Seite 14 -15
> **FO** Seite 4

1

Der **Vorgänger (V)** von 3 ist 2.

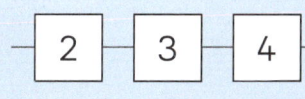

Der **Nachfolger (N)** von 3 ist 4.

V	Zahl	N
2	3	4

2

V	Zahl	N
1	2	

V	Zahl	N
	8	

V	Zahl	N
	11	

3

V	Zahl	N
	3	
	5	
	7	

V	Zahl	N
	4	
	9	
	1	

V	Zahl	N
	10	
	12	
	14	

4

V	Zahl	N
3		
0		
5		

V	Zahl	N
		4
		12
		14

5

V	Zahl	N

6 **Vorgänger und Nachfolger gesucht**

Legt Zahlenkarten
in der richtigen Reihenfolge.
Ein Kind zeigt auf eine Karte.
Das andere Kind nennt
Vorgänger und Nachfolger.

oder:
Spielt mit verdeckten Karten.

Der Vorgänger von 6 ist 5.
Der Nachfolger von 6 ist 7.

› 1–4 Vorgänger, Zahl, Nachfolger eintragen.
› 5 Eigene Aufgaben: Erst die Zahl, dann Vorgänger und Nachfolger eintragen.

› AH Seite 15

19

Kleiner, größer, gleich

4 < 6

4 ist kleiner
als 6.

5 = 5

5 ist gleich 5.

6 > 4

6 ist größer
als 4.

1

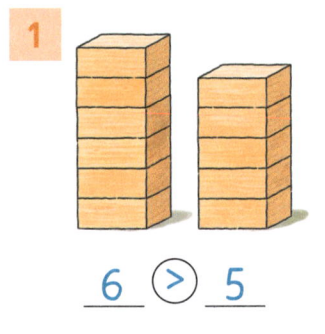

__6__ (>) __5__

__4__ ◯ __3__

___ ◯ ___

___ ◯ ___

2

__3__ (<) __4__

___ ◯ ___

___ ◯ ___

3

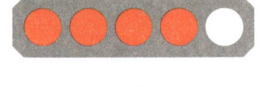

___ ◯ ___

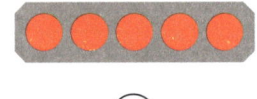

___ ◯ ___

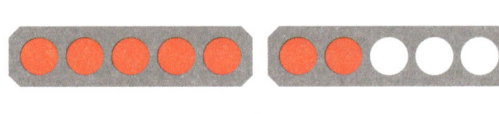

___ ◯ ___

4

 4 < 7

4 ◯ 7		2 ◯ 2	8 ◯ 4
5 ◯ 2		10 ◯ 4	6 ◯ 6
1 ◯ 6		6 ◯ 8	5 ◯ 7
9 ◯ 9		9 ◯ 3	3 ◯ 1

5

4 ◯ 6	2 ◯ 12	4 ◯ 0	5 ◯ 1
0 ◯ 11	9 ◯ 2	12 ◯ 9	11 ◯ 7
8 ◯ 8	1 ◯ 11	7 ◯ 8	8 ◯ 12
10 ◯ 12	6 ◯ 0	3 ◯ 11	0 ◯ 10

› **1–3** Anzahlen vergleichen, Zahlen und Zeichen schreiben.

› **AH** Seite 16

› **4–5** Zahlen vergleichen, Relationszeichen einsetzen (<, =, >).

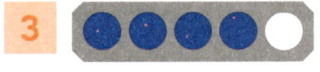

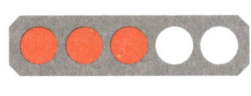
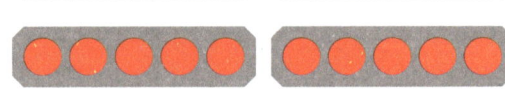

20

1

1)	1.	C
	2.	
	3.	
	4.	

2

☐   1.   ☐   ☐

3

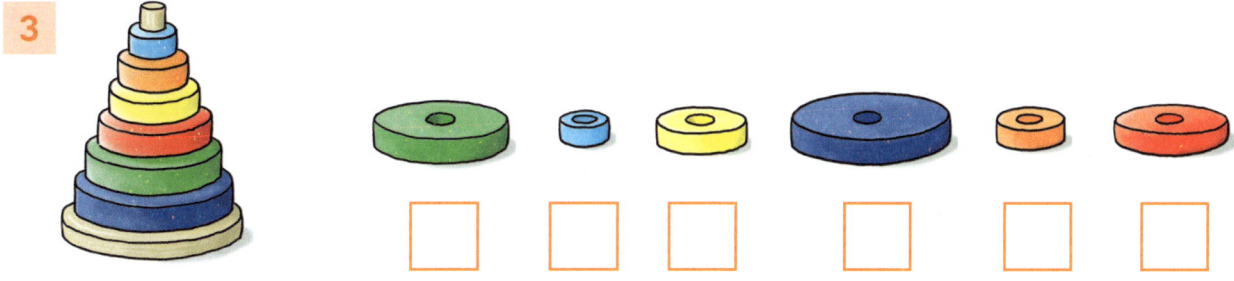

☐ ☐ ☐ ☐ ☐ ☐

4

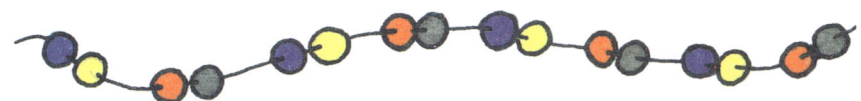

lila: 1., 5., _____   orange: 3., _____

gelb: _____   grau: _____

› **1–3** Reihenfolge angeben.   **1** Aufgabe im Heft lösen.
› **4** Ordnungszahlen eintragen.
› Nach dieser Seite empfiehlt sich Diagnosetest D2.

› **AH** Seite 17
› **FÖ** Seite 79

Körper

1

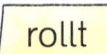

| rollt | kippt | rollt und kippt |

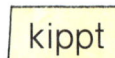

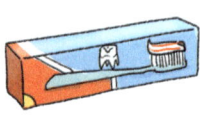

Körper

die Kugel	der Quader	der Zylinder
	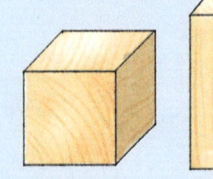	
	der Würfel	
rollt	kippt	rollt und kippt

› **1–2** Körper unterscheiden und zählen. Anzahl eintragen.
› **3–7** Anzahl eintragen.

› **AH** Seite 18

23

Ebene Figuren

Kreise	Dreiecke	Vierecke
		Rechtecke
		Quadrat

1 Kreise?

2 Dreiecke?

3 Vierecke? Quadrate?

> 1–3 Entsprechende Formen farblich einkreisen.

> AH Seite 19

1

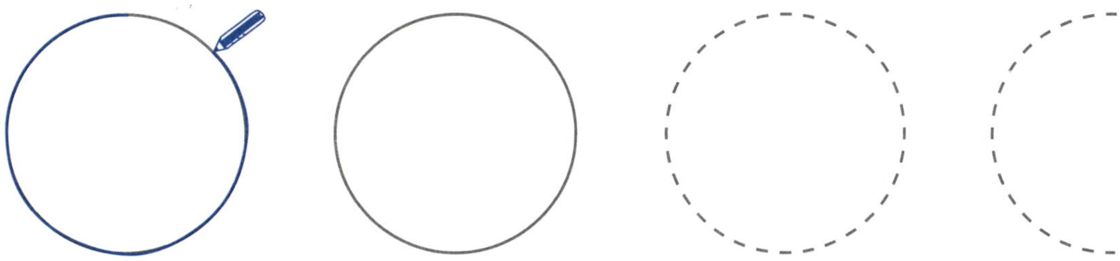

2

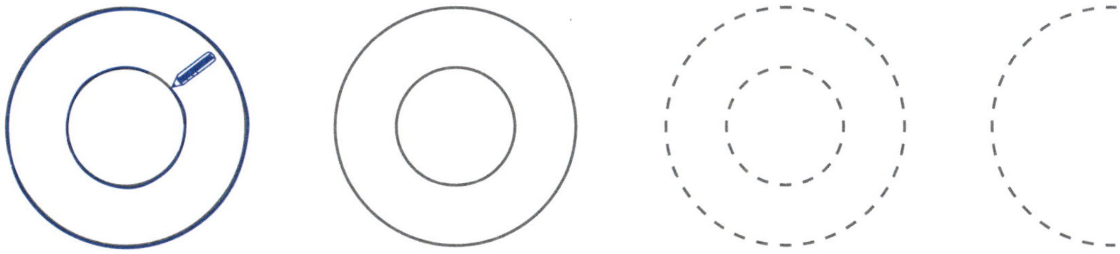

3

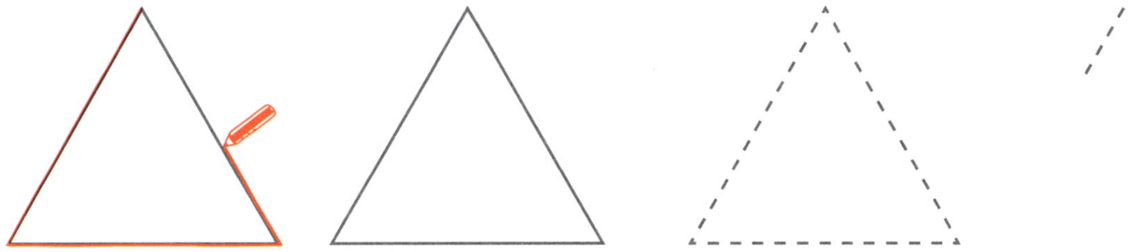

4

5

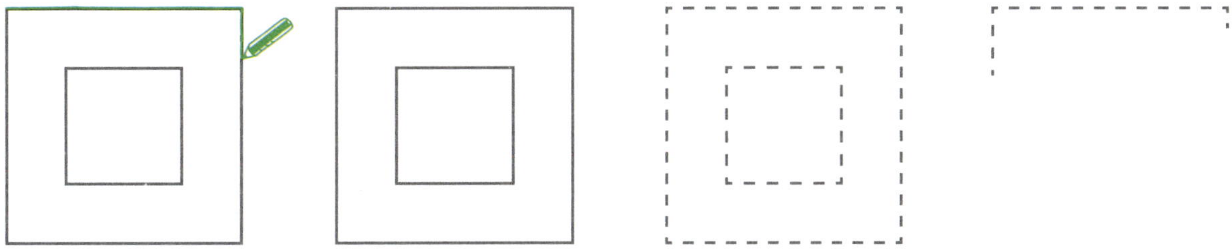

6 Formen balancieren

Legt mit Seilen Formen:
Dreiecke, Vierecke und Kreise.
Balanciert auf den Seilen.

› **1 – 5** Formen mit Buntstift nachfahren und aus freier Hand zeichnen.
› **6** Bewegungsaufgabe: Formen balancieren.
› Nach dieser Seite empfiehlt sich Diagnosetest D3.

Zerlegen

6

3

› Erzählen: Gesamtzahl und Zerlegung aufschreiben.
Es sind verschiedene Zerlegungen möglich, begründen lassen.

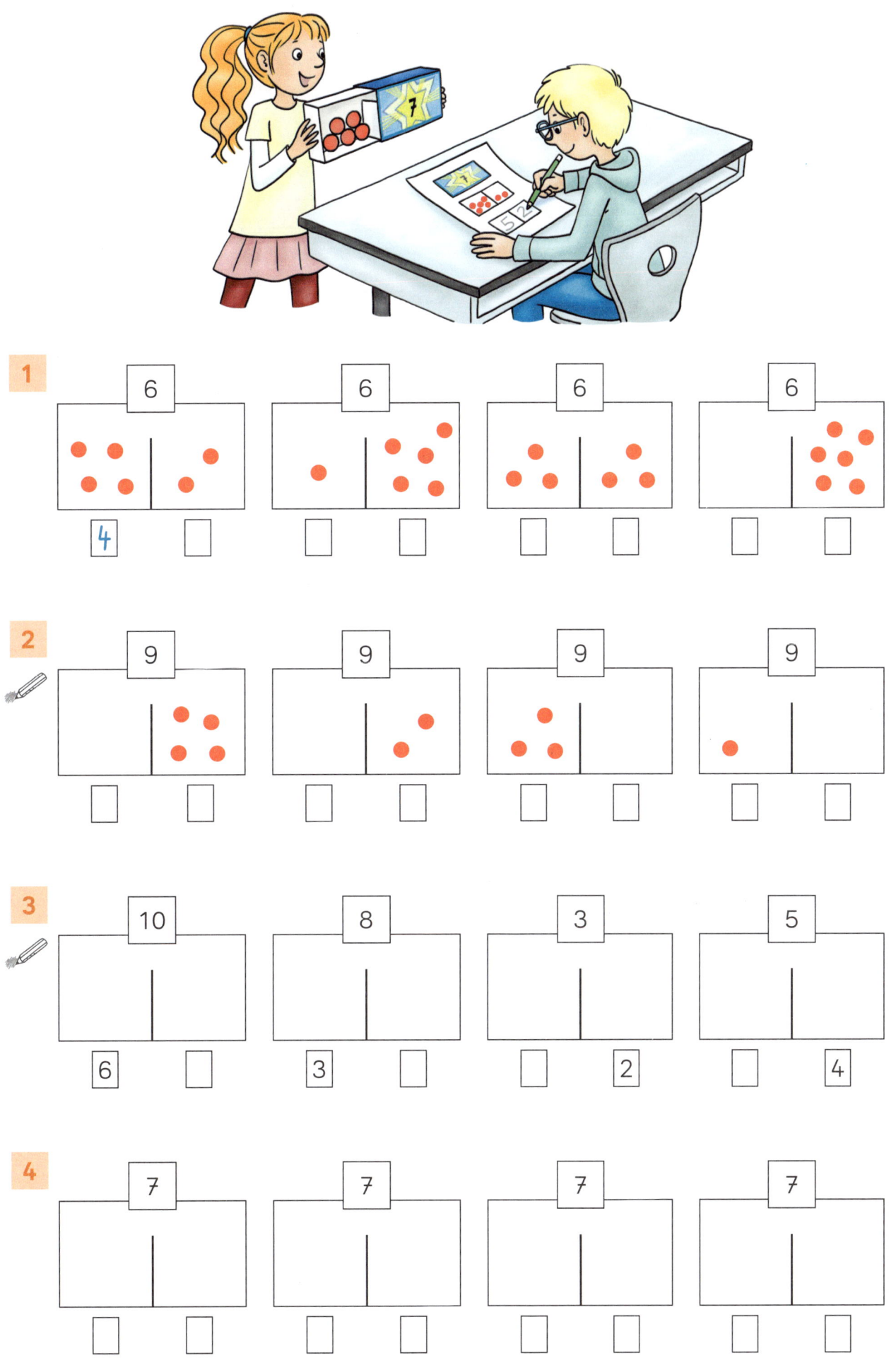

1

6	6	6	6

4 ☐   ☐ ☐   ☐ ☐   ☐ ☐

2

9	9	9	9

☐ ☐   ☐ ☐   ☐ ☐   ☐ ☐

3

10	8	3	5

6 ☐   3 ☐   ☐ 2   ☐ 4

4

7	7	7	7

☐ ☐   ☐ ☐   ☐ ☐   ☐ ☐

› **1** Zerlegungen aufschreiben.
› **2 – 3** Fehlende Zahlen bzw. Punkte ergänzen.
› **4** Zerlegungen finden.

› **AH** Seite 20
› **FÖ** Seite 16

27

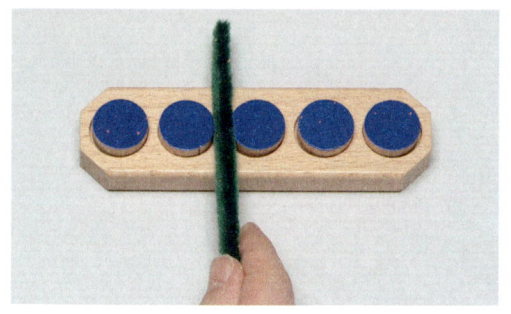

Ich zerlege 5 in 2 und 3.

1

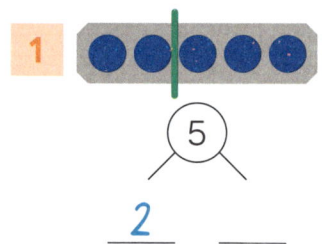 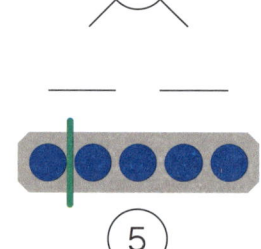 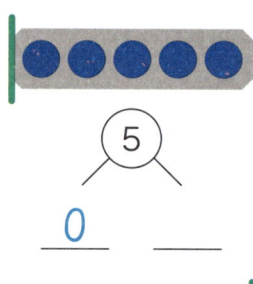

2 ___   ___ ___   0 ___

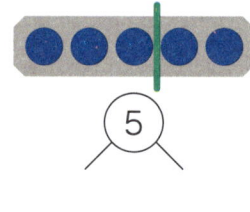 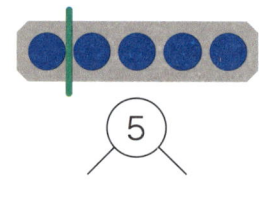 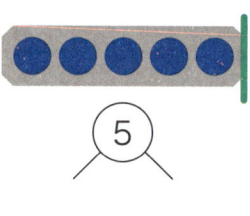

___ ___   ___ ___   ___ ___

2 Zerlege.

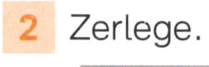

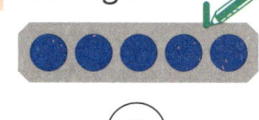 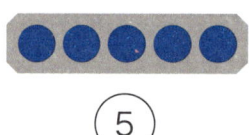 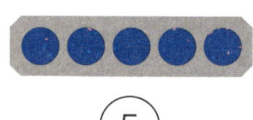

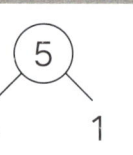 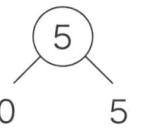 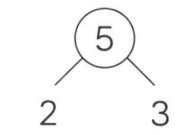

4   1   0   5   2   3

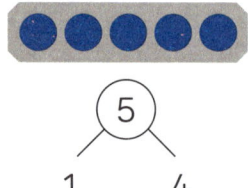  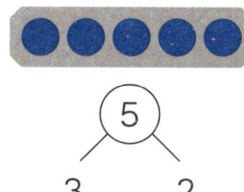

1   4   5   0   3   2

3 **Zahlzerlegungen der 5**

Ein Kind legt eine Hand
auf den Tisch.
Das andere Kind legt den Stift.
Wie viele Finger sind links vom Stift,
wie viele rechts?
Das erste Kind nennt die Zerlegung.

Wir zerlegen 5 in 2 und 3.

› **1** Zerlegungen aufschreiben.
› **2** Mit einem Strich die passende Zerlegung einzeichnen.

› **AH** Seite 21
› **FÖ** Seite 17

28

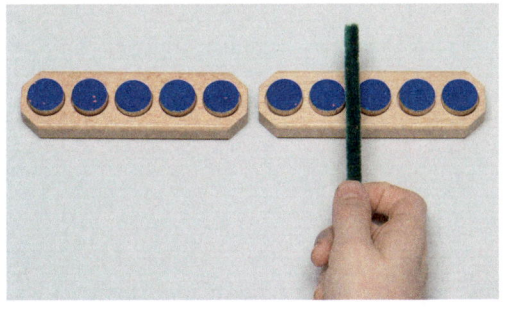

Ich zerlege 10 in 7 und 3.

1

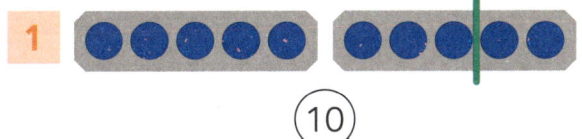

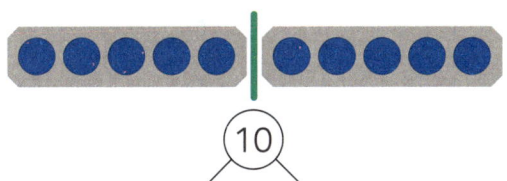

2 Zerlege.

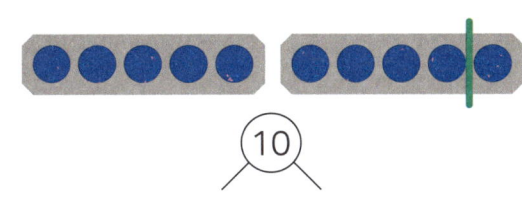

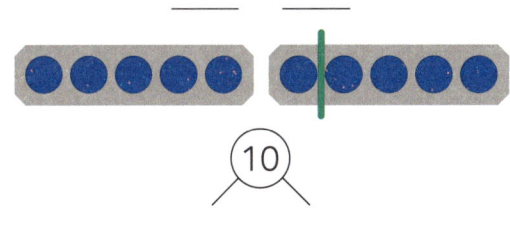

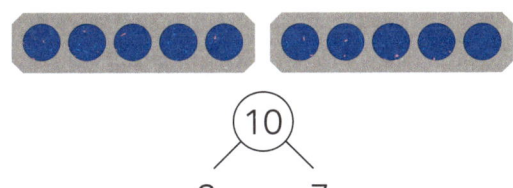

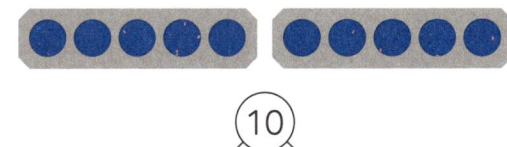

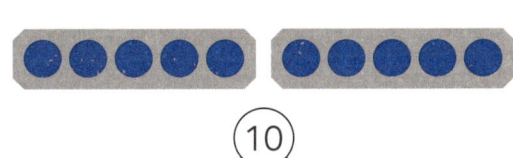

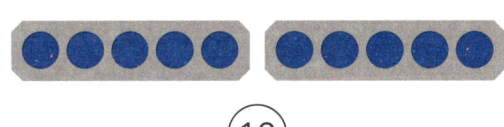

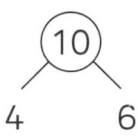 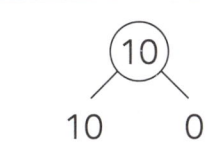 **3** **Zahlzerlegungen der 10**

Ein Kind legt zwei Hände
auf den Tisch.
Das andere Kind legt den Stift.
Wie viele Finger sind links vom Stift,
wie viele rechts?
Das erste Kind nennt die Zerlegung.

Wir zerlegen 10 in 7 und 3.

› **1** Zerlegungen aufschreiben.
› **2** Mit einem Strich die passende Zerlegung einzeichnen.

› **AH** Seite 21
› **FÖ** Seite 17
› **FO** Seite 6, 7

29

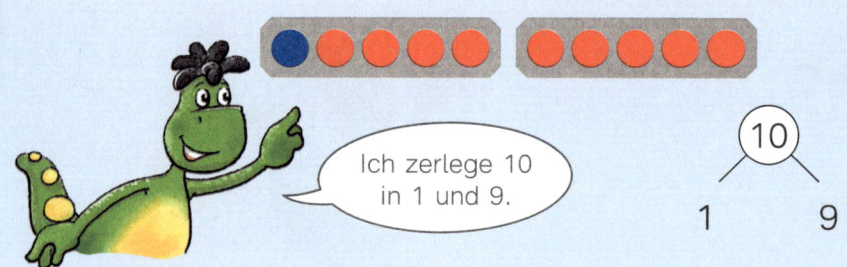

Ich zerlege 10 in 1 und 9.

1 10 ist das Ganze.

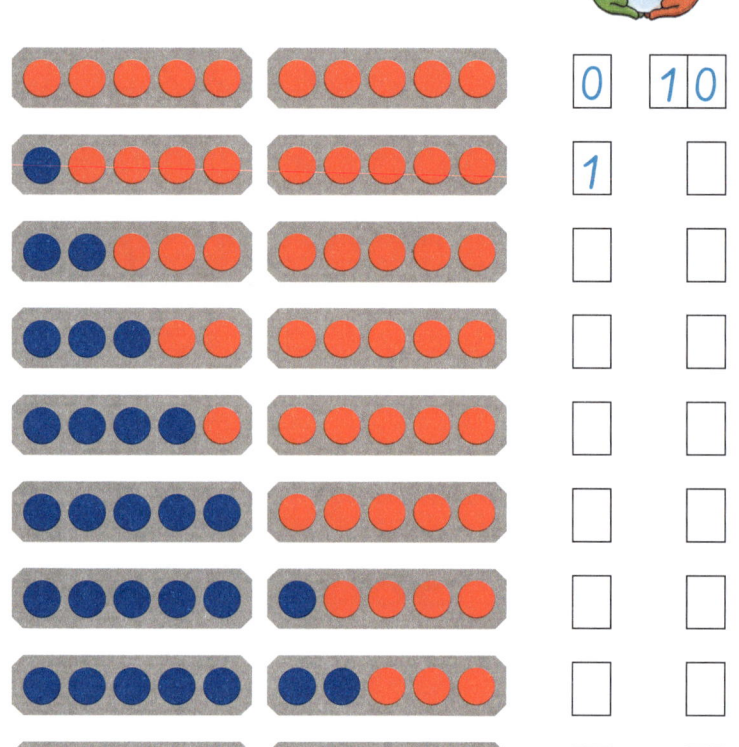

0	10
1	

Das sind die Zehnerfreunde.

 2 Was fällt euch auf? Beschreibt.

› **1** Zerlegungen aufschreiben. Leere Rechenschiffe passend färben.
› Die Zerlegungen der 10 heißen Zehnerfreunde.

› AH Seite 22

30

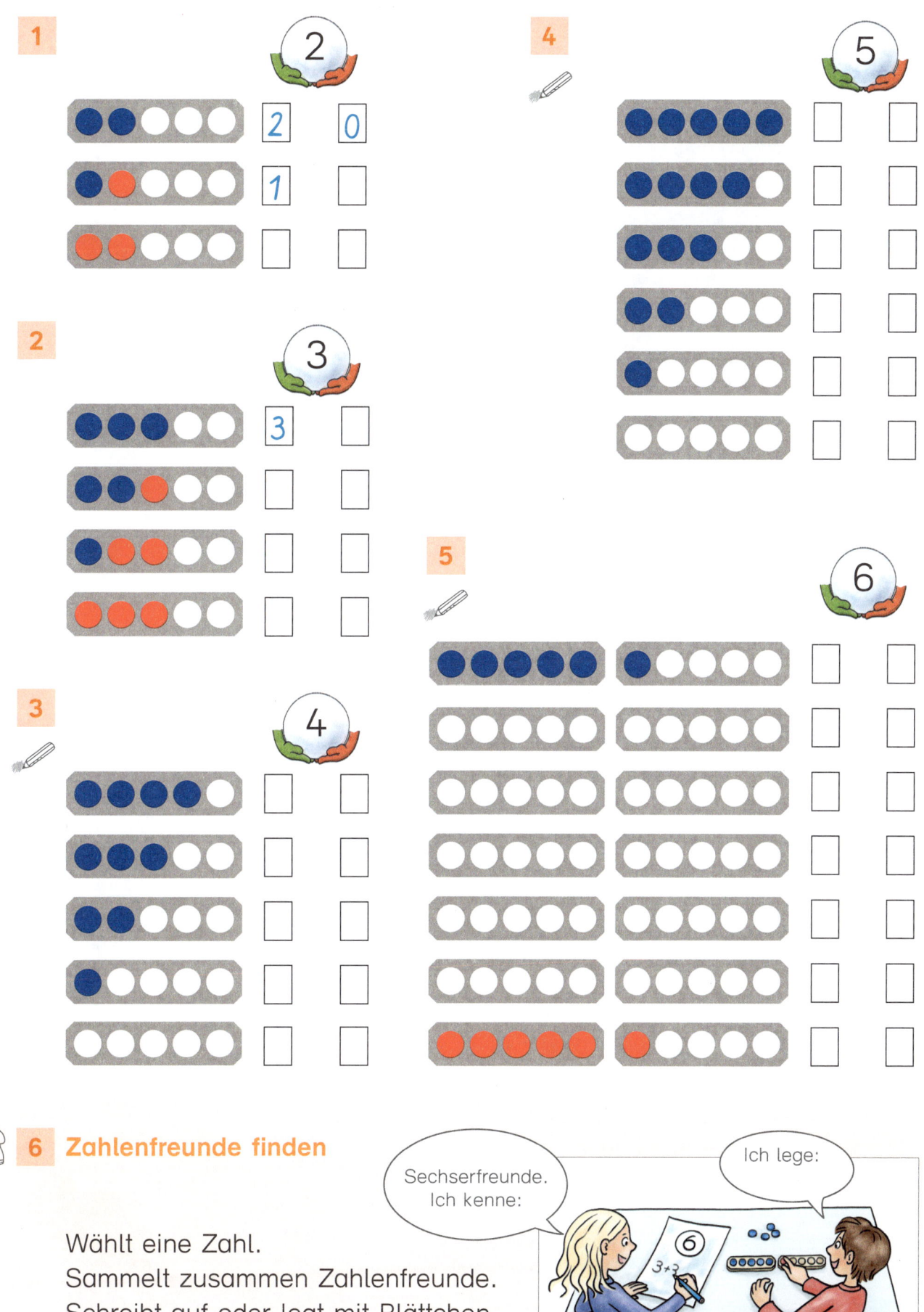

1 2

2	0
1	

2 3

3	

3 4

4 5

5 6

6 Zahlenfreunde finden

Wählt eine Zahl.
Sammelt zusammen Zahlenfreunde.
Schreibt auf oder legt mit Plättchen.

Sechserfreunde. Ich kenne:

Ich lege:

› 1–2 Zerlegungen aufschreiben.
› 3–5 Zerlegungen aufschreiben. Leere Rechenschiffe passend färben.

› AH Seite 22
› FÖ Seite 18
› FO Seite 8

31

1

2

 7    8    9

7			8			9	
0			0			0	
1			1				
2			2				
3							
4							
5							
	1						
	0			1			
				0			
							0

 3 Zahlenfreund gesucht

Wählt eine Zahl. Ein Kind legt
verdeckt eine passende Zerlegung
mit blauen und mit roten Plättchen.
Es zeigt nur die blauen Plättchen.
Das andere Kind nennt die Zerlegung.

Neunerfreunde.
6 ...

und 3

› **1** Die Kinder ziehen Zahlenkarten. Die Lehrkraft hält eine Zahlenfreunde-Karte hoch oder nennt eine Zahl.
Die Kinder suchen den passenden Zahlenfreund zu ihrer Zahlenkarte.
› 2 Zerlegungen schreiben.

› **AH** Seite 23
› **FÖ** Seite 19
› **FO** Seite 8

1

5			1			5	
1			5			2	
4			3			1	
2			6			6	
3			0			3	
0			2			7	

2

	8			5			1
	5			0			5
	7			1			9
	4			4			8
	1			9			7
	3			6			2

3

5					5
	3		4		
	1		8		
0					0
1					7
	2			1	0

› **1–3** Zerlegungen schreiben.
› Zerlegungskarten zum weiteren Üben nutzen.
› Nach dieser Seite empfiehlt sich Diagnosetest D4.

› **AH** Seite 23
› **FÖ** Seite 20, 21
› **FO** Seite 8

33

1

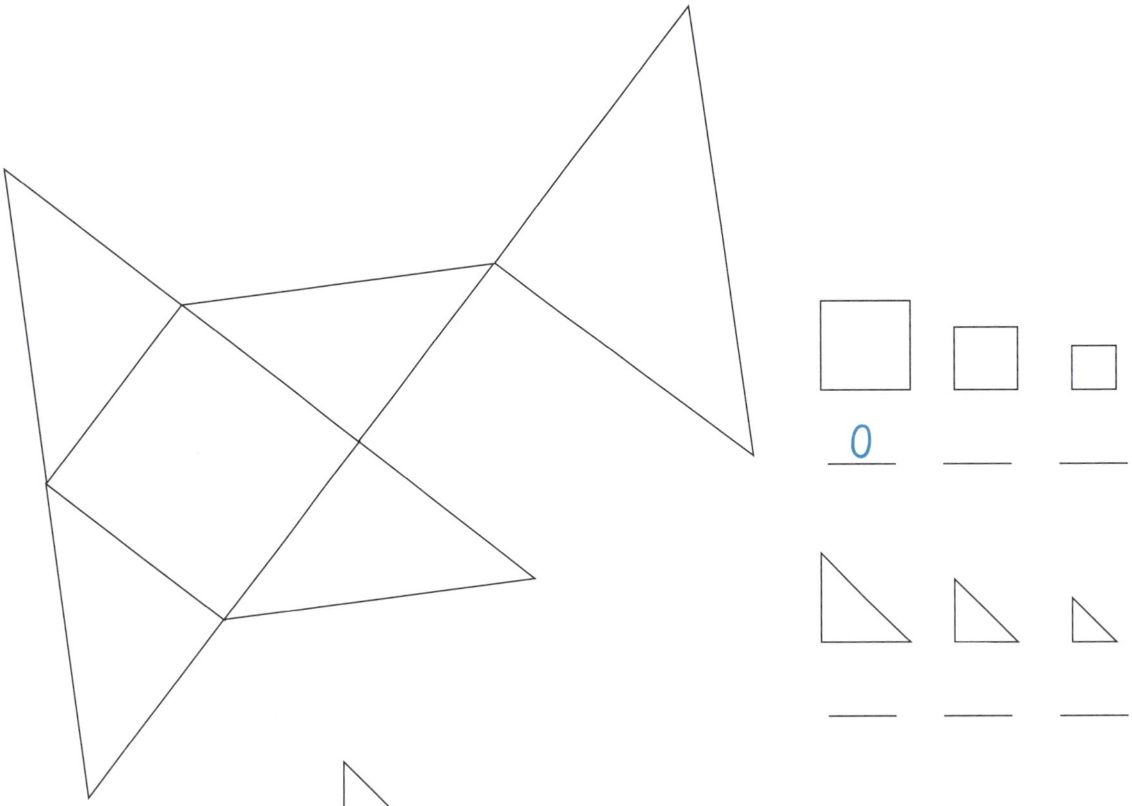

_0_

2

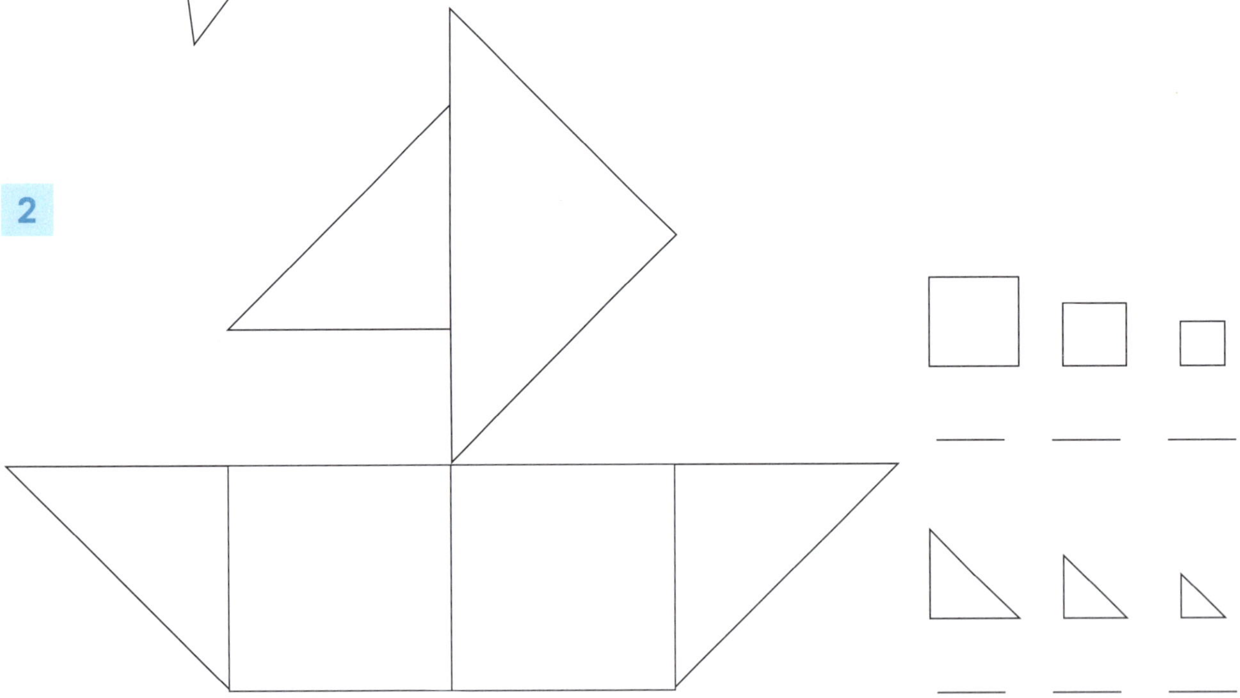

3 Eigene Figuren

Ein Kind hat gelbe geometrische Formen, das
andere Kind rote. Sie einigen sich auf eine Figur
und legen immer abwechselnd ein Plättchen.

› **1–2** Figuren mit Formenplättchen auslegen, Anzahl der Formen bestimmen.

› **AH** Seite 24
› **FO** Seite 55

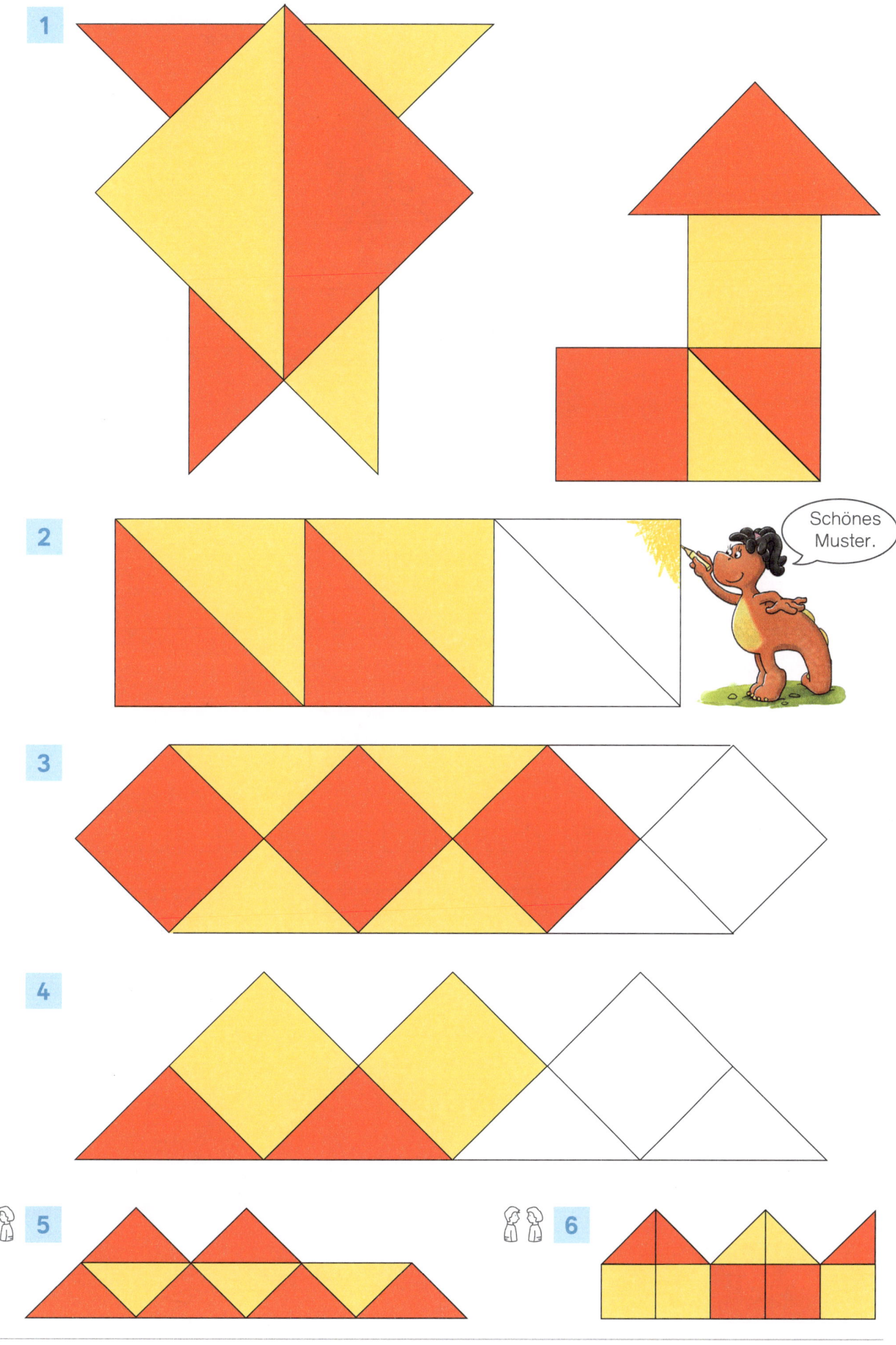

Schönes Muster.

› **1** Figuren mit Formen nachlegen.
› **2–4** Erst nachlegen, dann ausmalen.
› **5–6** Ein Kind legt nach, das andere legt weiter.

› **AH** Seite 25
› **FO** Seite 56

Das Grundmuster wiederholt sich.

Gelb, gelb, rot, rot.
Das ist
das Grundmuster.

1 Wiederhole das Grundmuster.

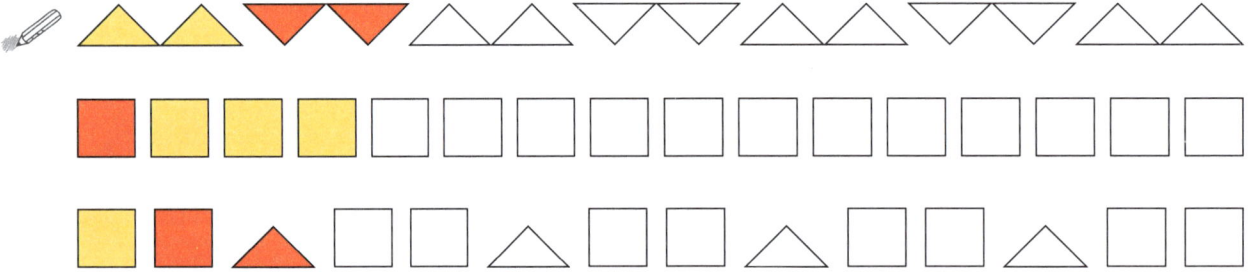

2 Erfinde ein Farbmuster.

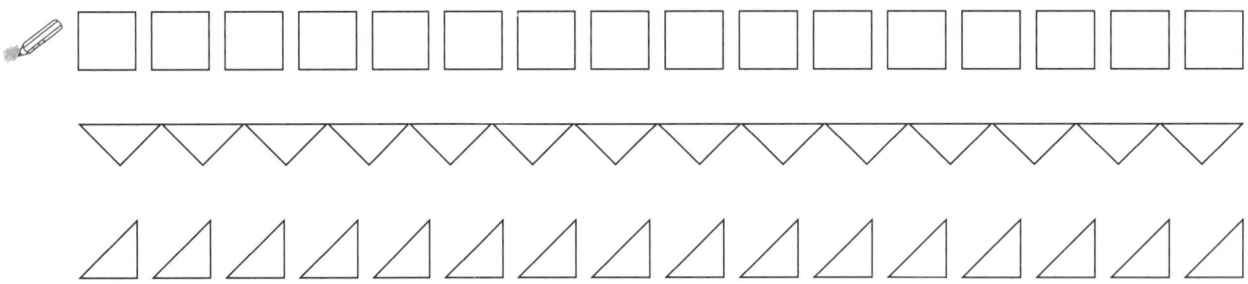

3 Setze die Muster fort.

› **1** Muster fortsetzen.
› **2** Eigenes Muster farbig gestalten und Grundmuster einkreisen.
› **3** Muster fortsetzen.

› **AH** Seite 26
› **FO** Seite 9

36

1

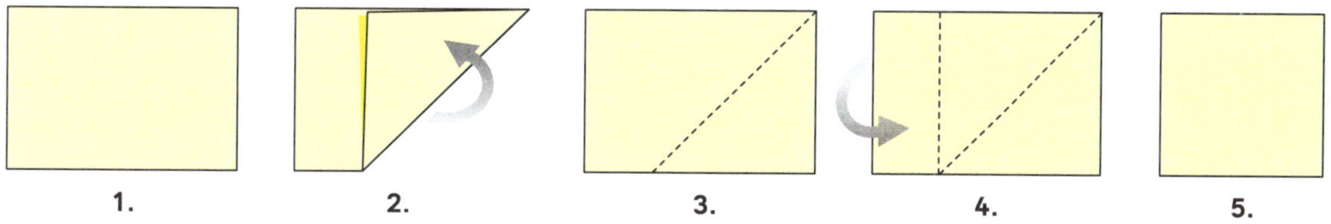

1.　2. 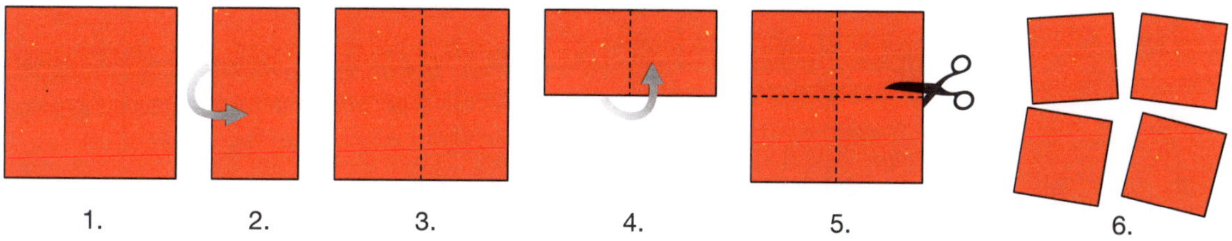　3. 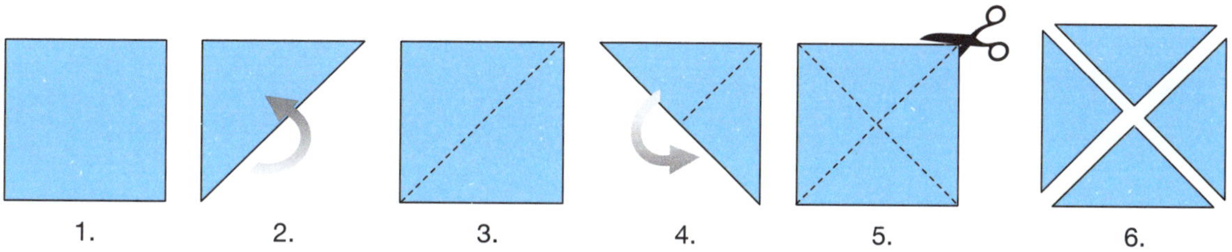　4.　5.

2

1.　2.　3.　4.　5.　6.

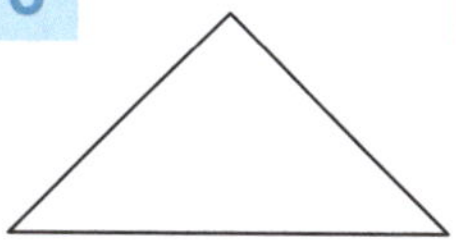

3

1.　2.　3.　4.　5.　6.

4

5)

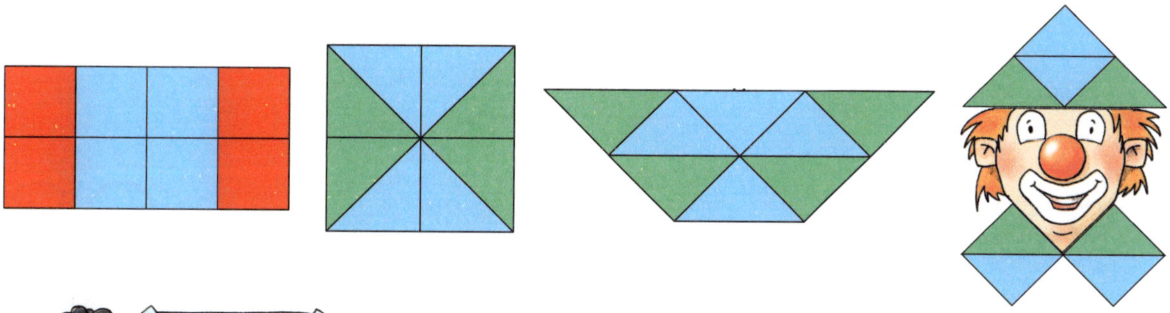

5 　**6**　**7**

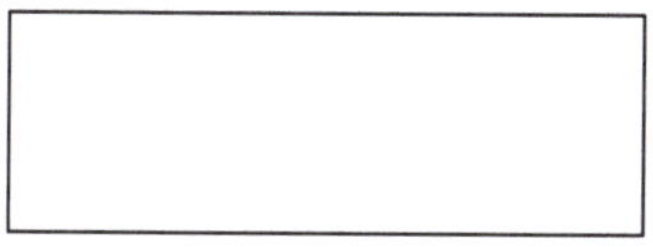

8 Muster tanzen

Legt mit Plättchen ein Muster.
Überlegt euch Bewegungen
für Rot und für Blau.
Macht für jedes Plättchen
die passende Bewegung,
dann immer so weiter.

Rot: Ich klatsche in die Hände.

Blau: Ich klatsche auf die Beine.

› **1** Aus einem Rechteck ein Quadrat falten. **2–3** Falten und zerschneiden. **4** Muster nachlegen.
› **5–7** Figuren aus freier Hand in das Heft zeichnen. **8** Bewegungsaufgabe: Muster tanzen.
› Nach dieser Seite empfiehlt sich Diagnosetest D5.

Wie gut hast du die Aufgaben gelöst? Male in die Smileys:

1

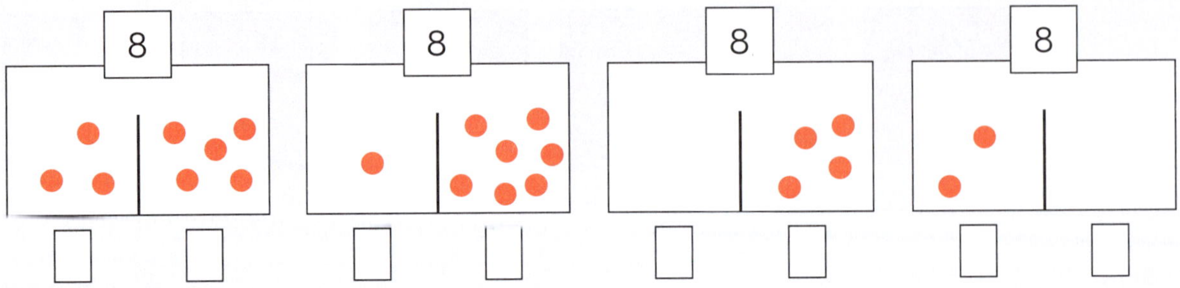

| 8 | 8 | 8 | 8 |

2

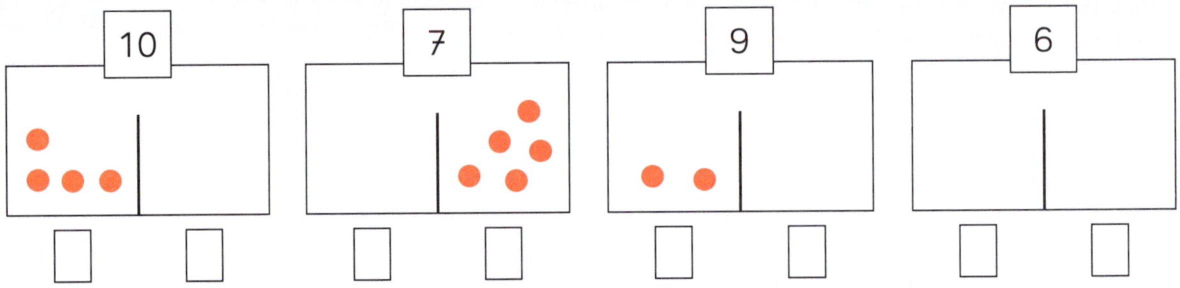

| 10 | 7 | 9 | 6 |

3

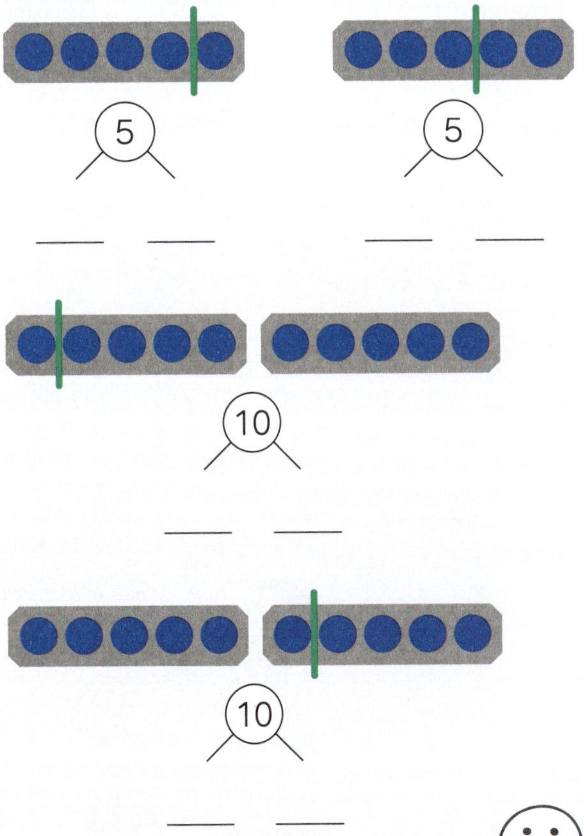

5   5

_____   _____

10

_____   _____

10

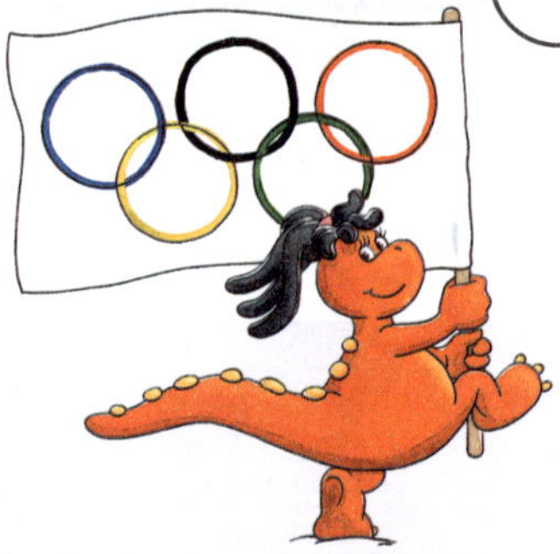

_____   _____

4

7   9

4			6
1		9	
	5		4
	7	2	
3			3
6		0	

› **1–2** Zerlegungen aufschreiben, fehlende Zahlen bzw. Punkte ergänzen.
› **3** Zerlegungen aufschreiben. **4** Zahlenfreunde ergänzen.

1

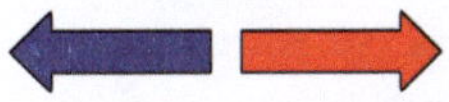

links ← → rechts

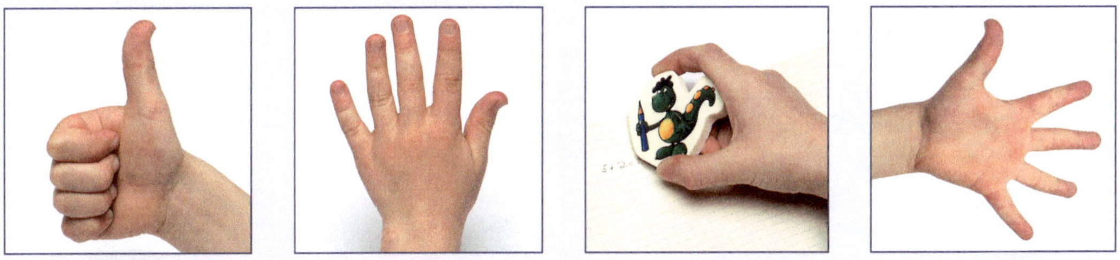

□ □ □ □

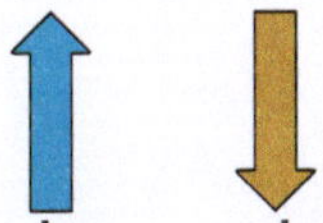

oben ↑ ↓ unten

□ □ □ □

2

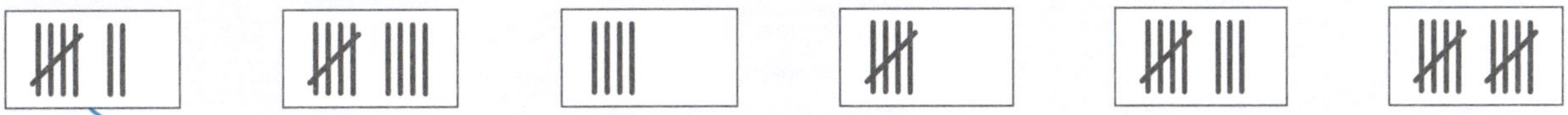

| 4 | 7 | 5 | 9 | 10 | 8 |

3

| 5 | | 7 | | |

| | 3 | | 1 | |

4

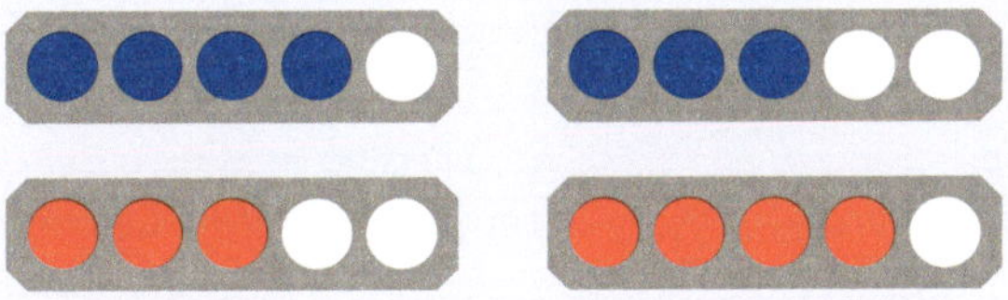

___ ○ ___   ___ ○ ___

5

4 ○ 7   3 ○ 2   10 ○ 8
2 ○ 5   5 ○ 4   7 ○ 7
5 ○ 8   0 ○ 6   7 ○ 5
7 ○ 6   1 ○ 5   9 ○ 1
2 ○ 1   8 ○ 4   8 ○ 0

6

› **1** Oben, unten, rechts, links eintragen. **2** Mengen verbinden. **3** Fehlende Zahlen eintragen.
› **4–5** Vergleichen. **6** Verbinden.

39

Addieren

1

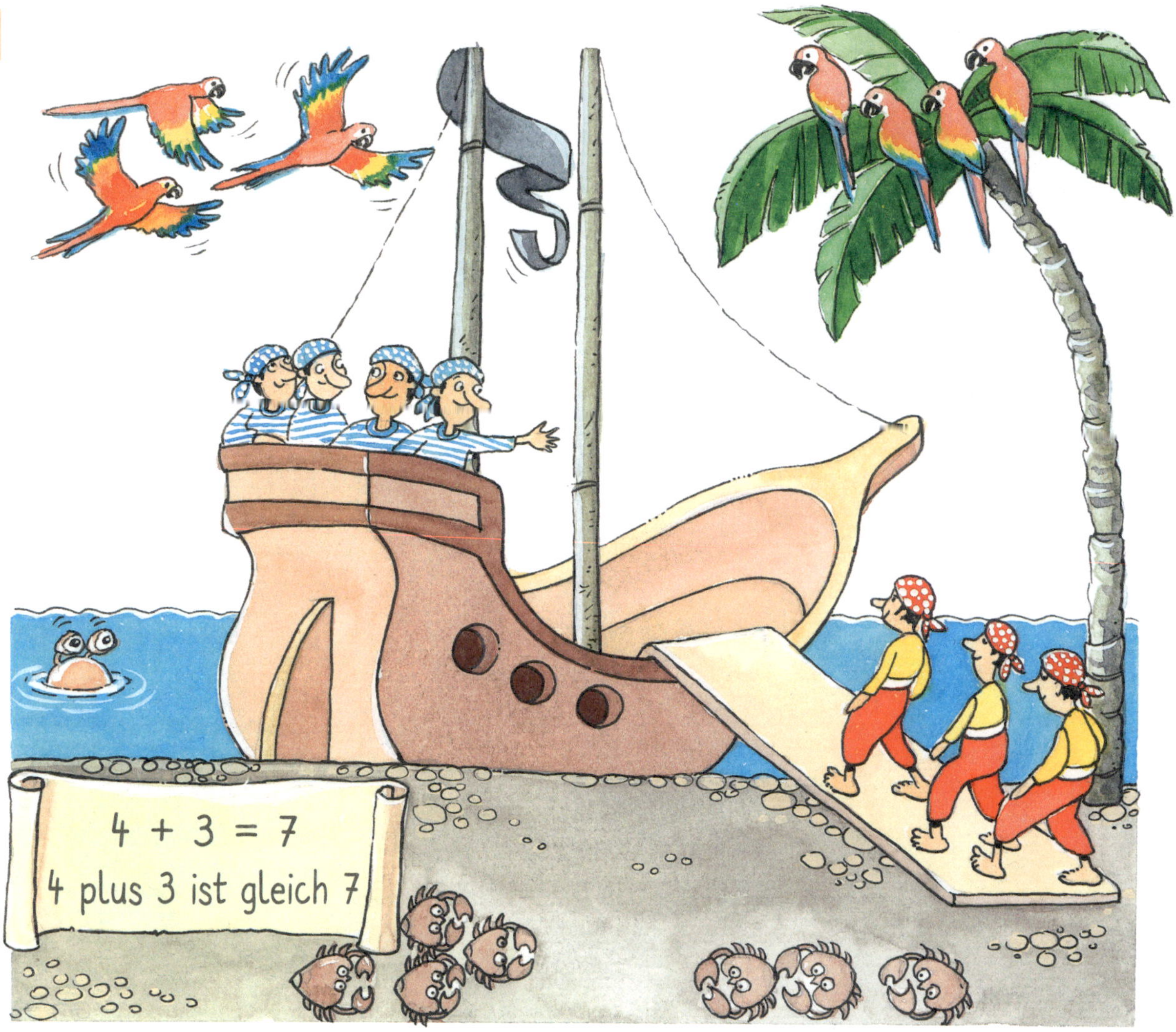

4 + 3 = 7
4 plus 3 ist gleich 7

Es waren 4.

1. He ho, vier Piraten,
   he ho, vier Piraten,
   he ho, vier Piraten,
   wollen in die Ferne.

Es kommen 3.

2. He, dazu noch dreie,
   he, dazu noch dreie,
   he, dazu noch dreie,
   wollen in die Ferne.

Es sind 7.

3. He, sie sind jetzt sieben,
   he, sie sind jetzt sieben,
   he, sie sind jetzt sieben,
   vier **plus** drei gleich sieben.

2

__ + __ = __

3

__ + __ = __

› **1** Nachspielen, dabei Zahlen ändern. Piratenlied singen.
› **2–3** Additionsaufgaben schreiben.
› Inklusionsmaterial zum Kapitel: Heft A2 und A4

› **AH** Seite 27
› **FÖ** Seite 22–23

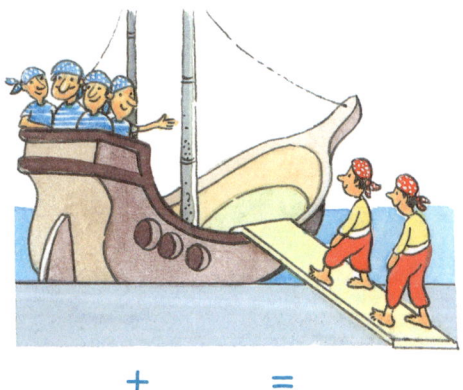

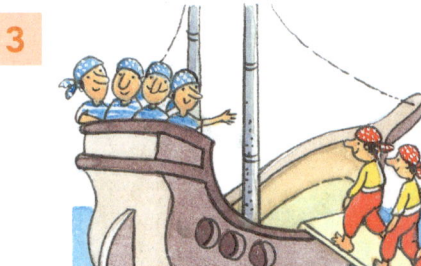

3 + 3 = _____

_____

_____

_____

_____

_____

_____

_____

› 1–8 Additionsgeschichten erzählen, dann Additionsaufgaben schreiben.

› AH Seite 27
› FÖ Seite 22–23

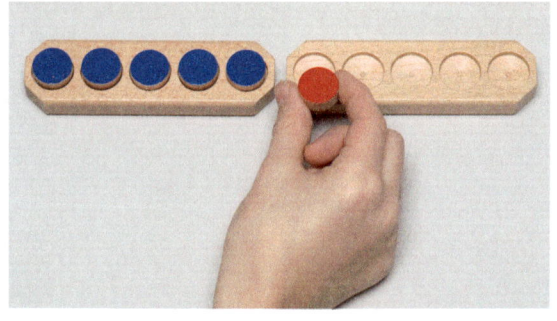

1

$5 + 1 = \_\_\_$

2

$5 + 3 = \_\_\_$

3

_____   _____

4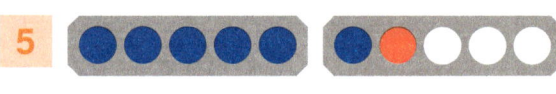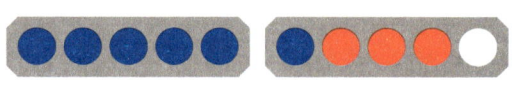

_____   _____

5

_____   _____

6

_____   _____

7   2 + 7
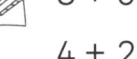 5 + 0
    4 + 2

8   0 + 3
7 + 1
4 + 4

7)	2 + 7 = 9	8)	0 + 3 =
	5 + 0 =		7 + 1 =
	4 + 2 =		4 + 4 =

 9   **Aufgaben sammeln**

Eine verabredete Menge Wendeplättchen auf den Tisch legen und die Farbseite bestimmen.
Dann in Rechenschiffe legen und die passende Aufgabe notieren.

Oder:
Wendeplättchen auf den Tisch fallen lassen, in Rechenschiffe legen und die passende Aufgabe notieren.

› **1 – 6** Additionsaufgaben erkennen und aufschreiben.
› **7 – 8** Additionsaufgaben im Heft lösen.

› **AH** Seite 28
› **FÖ** Seite 26

Entdeckerpäckchen

erste Zahl		zweite Zahl		Ergebnis
2	+	1	=	3
2	+	2	=	4
2	+	3	=	5

1 Wie geht es weiter?

3 + 1 = _4_
3 + 2 = ____
3 + 3 = ____
3 + 4 = ____
_____

5 + 1 = ____
5 + 2 = ____
5 + 3 = ____
5 + 4 = ____
_____

Kreise immer das Ergebnis grün ein. Was fällt dir auf?

Ergebnis immer ____ mehr.

2 Wie geht es hier weiter?

6 + 4 = ____
5 + 5 = ____
4 + 6 = ____
3 + ____
_____

5 + 2 = ____
4 + 3 = ____
3 + 4 = ____
2 + ____
_____

5 + 1 = ____
4 + 2 = ____
3 + 3 = ____
_____
_____

6 + 3 = ____
5 + 4 = ____
4 + 5 = ____
_____
_____

5 + 3 = ____
4 + 4 = ____
3 + 5 = ____
_____
_____

Kreise immer die erste Zahl blau ein. Was fällt dir auf?

Erste Zahl immer ____ weniger.

› Entdeckerpäckchen: Aufgabenfolgen fortsetzen und lösen. Auffälligkeit beschreiben, Regel ergänzen.
› Kopiervorlage: „Mein Entdeckerpäckchen-Heft" als weiterführende Übung nutzen.

› AH Seite 29
› FÖ Seite 30
› FO Seite 11, 15

43

Summand   Summand

$6 + 4 = 10$

Summe   Summe

Summand plus **Summand** ist gleich **Summe**.

Summanden kann man vertauschen. $6 + 4 = 10$
Die Summe bleibt gleich. $4 + 6 = 10$

1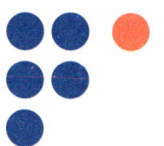

$3 + 2 =$ _____
$2 + 3 =$

Summand plus Summand
wird Summe genannt.
Und tauscht man
die Summanden aus,
wird immer eine Summe draus,
ja Summe draus.

2

_____   _____   _____

_____   _____   _____

3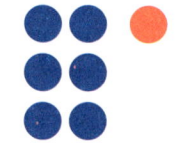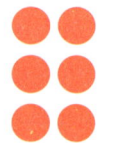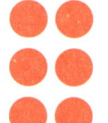

_____   _____   _____

_____   _____   _____

4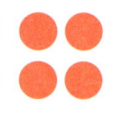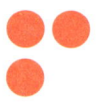

_____   _____   _____

_____   _____   _____

5 **Viel gewinnt**

Würfelt beide mit zwei Würfeln.
Rechnet eure Punkte zusammen.
Das größere Ergebnis gewinnt.

Oder:
Spielt 10 Runden.
Wer gewinnt die meisten Runden?

1 + 2 = 3   3 + 1 = 4

1

$$4 + \underline{\ 2\ } = 6 \qquad\qquad 2 + \underline{\ \ \ } = 6$$

2

$$3 + \underline{\ \ \ } = 6 \qquad\qquad 1 + \underline{\ \ \ } = 6$$

3

$$3 + \underline{\ \ \ } = 7 \qquad\qquad 1 + \underline{\ \ \ } = 7$$

4

$$\underline{\ \ \ } + 2 = 7 \qquad\qquad \underline{\ \ \ } + 0 = 7$$

5

$8 + \underline{\ \ \ } = 9$	$6 + \underline{\ \ \ } = 9$	$4 + \underline{\ \ \ } = 5$
$1 + \underline{\ \ \ } = 9$	$6 + \underline{\ \ \ } = 7$	$3 + \underline{\ \ \ } = 8$
$3 + \underline{\ \ \ } = 9$	$6 + \underline{\ \ \ } = 6$	$0 + \underline{\ \ \ } = 3$

6

$\underline{\ \ \ } + 4 = 8$	$\underline{\ \ \ } + 5 = 9$	$\underline{\ \ \ } + 1 = 7$
$\underline{\ \ \ } + 1 = 8$	$\underline{\ \ \ } + 5 = 6$	$\underline{\ \ \ } + 2 = 9$
$\underline{\ \ \ } + 2 = 8$	$\underline{\ \ \ } + 5 = 5$	$\underline{\ \ \ } + 0 = 4$

7 **Ergänzen bis 6**

Ein Kind legt die Zahlenkarte 6
auf den Tisch. Es nennt eine Zahl
und zeigt sie mit einer Hand.
Das andere Kind ergänzt bis zur 6
und nennt die Aufgabe.

Oder:
Wählt eine andere Zahlenkarte.
Ergänzt bis zu dieser Zahl.

› **1–4** Aufgaben ergänzen, dazu Plättchen passend anmalen.
› **5–6** Aufgaben ergänzen.

› **AH** Seite 31
› **FÖ** Seite 27
› **FO** Seite 12

45

Ich addiere die Summanden. 3 + 2.

Im Deckstein steht die Summe.

5

3 2

1

| 2 | 5 | | 4 | 3 | | 4 | 6 | | 5 | 3 |

2

| 9 | 1 | | 9 | 0 | | 4 | 2 | | 0 | 10 |

3

| 7 | 2 | | 3 | 6 | | 2 | 7 | | 4 | 5 |

4

8
2

8
8

8
1

8
4

5

6
0

6
1

6
3

6
6

6 Findet viele Möglichkeiten.

7 | 7 | 7 | 7

› **Zahlenmauern:** Benachbarte Zahlen addieren. Das Ergebnis in die Mitte darüber schreiben.
› **4–5** Fehlenden Stein bestimmen, dabei Zahlenfreunde als Hilfe nutzen.
› **6** Eigene Aufgaben: Verschiedene Zahlenmauern finden. Ggf. Kopiervorlage mit leeren Zahlenmauern verwenden.

› **AH** Seite 32
› **FO** Seite 13

1

7 > 5   9 ◯ 6   4 ◯ 9   0 ◯ 1
4 ◯ 6   3 ◯ 2   7 ◯ 8   0 ◯ 0

| 5 + 2 < 9 | ist eine Ungleichung |
| 6 + 3 = 9 | ist eine Gleichung |

2

4 + 3 < 8   1 + 3 ◯ 6   5 + 5 ◯ 8
4 + 4 = 8   2 + 3 ◯ 6   4 + 5 ◯ 8
4 + 5 ◯ 8   3 + 3 ◯ 6   3 + 5 ◯ 8
4 + 6 ◯ 8   4 + 3 ◯ 6   2 + 5 ◯ 8

3

7 > 0 + 5   5 ◯ 2 + 3   4 ◯ 6 + 2
7 ◯ 1 + 5   5 ◯ 2 + 4   4 ◯ 4 + 2
7 ◯ 2 + 5   5 ◯ 2 + 5   4 ◯ 2 + 2
7 ◯ 3 + 5   5 ◯ 2 + 6   4 ◯ 0 + 2

4

1 + 6 ◯ 7 + 0   5 + 3 ◯ 4 + 0
2 + 6 ◯ 5 + 2   4 + 4 ◯ 4 + 2
3 + 6 ◯ 4 + 5   3 + 5 ◯ 4 + 4
4 + 6 ◯ 0 + 9   2 + 6 ◯ 4 + 6

5 Plus – plus – Schluss

Gebt das Kommando
„Plus – plus – Schluss" und
zeigt mit einer Hand eine Zahl.
Wie viele sind es zusammen?
Nennt die Plus-Aufgabe.

Oder:
Spielt 10 Runden.
Wer gewinnt die meisten Runden?

5 + 1 = 6

> **1** Vergleichen. Relationszeichen <, >, = einsetzen.
> **2 – 4** Additionsaufgaben lösen. Ergebnisse vergleichen, Relationszeichen einsetzen.

$4 + 2 = 6$

$2 + 4 =$

> Zu jedem Bild eine Additionsgeschichte erzählen, die Additionsaufgabe und die Tauschaufgabe schreiben.

› AH Seite 33
› FÖ Seite 28–29
› FO Seite 14

› Wo sind Additionsgeschichten zu sehen?
Ein Bild zeichnen und die Additionsaufgaben und die Tauschaufgaben schreiben.

› AH Seite 33
› FÖ Seite 28–29
› FO Seite 14

49

Kombinieren

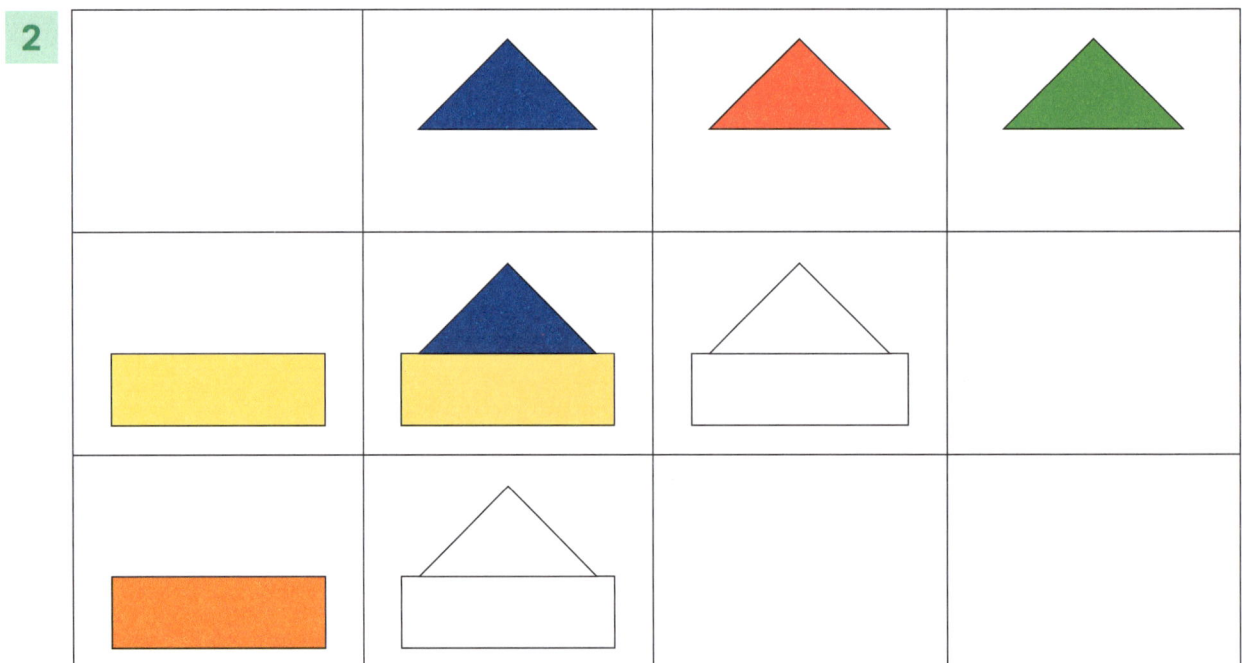

3		und	aus	ut
H	Hund		
M			

4		olle	and	ind
W			
R			

› **1** Passenden Hut und Brille oder Hut und Augenklappe malen. **2** Formen zusammensetzen. › **AH Seite 34**
› **3–4** Wörter passend zusammensetzen.

1

+	3	4	2
4	7	8	
6			

4 + 2 = __

2

+	6	1	5
3			
4			

3

+	3	5	6
2			
4			

4

+	7	5	6
3			
2			

5 ✏

+			

6

+		6	7
2	6		
1			

7

+	5		4
3			
5		7	

__ + 3 = 6

8

+	3	0	2
	6		
7			

9

+	0	1	2
4			
		9	

10 Kleider-Tausch

Die Kinder kombinieren Kleidungsstücke (z. B. Jacken und Schals) miteinander und schreiben oder zeichnen die Möglichkeiten in eine Tabelle.

› **1–4** Tabellen ausrechnen. **5** Eigene Aufgaben: Zahlen aussuchen, einsetzen und rechnen. › **AH** Seite 34
› **6–9** Mit Platzhaltern rechnen.
› Nach dieser Seite empfiehlt sich Diagnosetest D6.

51

Subtrahieren

▶ 1

5 − 3 = 2
5 minus 3 ist gleich 2

Es waren ____.

5 − 3 =

Es waren 5.	Es gehen 3.	Es bleiben 2.
1. He ho, fünf Piraten, he ho, fünf Piraten, he ho, fünf Piraten, wollen in die Ferne.	2. He, drei geh'n von Bord, he, drei geh'n von Bord, he, drei geh'n von Bord, woll'n nicht mehr in die Ferne.	3. He, sie sind noch zweie, he, sie sind noch zweie, he, sie sind noch zweie, fünf **minus** drei gleich zwei.

2

Es waren ____. _____

3

Es waren ____. _____

4

Es waren ____. _____

5

Es waren ____. _____

› 1 Nachspielen, dabei Zahlen ändern. Piratenlied dazu singen.
› 2–5 Subtraktionsaufgaben schreiben.
› Inklusionsmaterial zum Kapitel: Heft A2 und A4

› AH Seite 35–36
› FÖ Seite 32–33

52

$$5 - 2 = 3$$
5 minus 2 ist gleich 3

Das ist eine Subtraktionsaufgabe.
– ist das Zeichen für minus.

1

Es waren _____. _____

2

Es waren _____. _____

3

Es waren _____. _____

4

Es waren _____. _____

5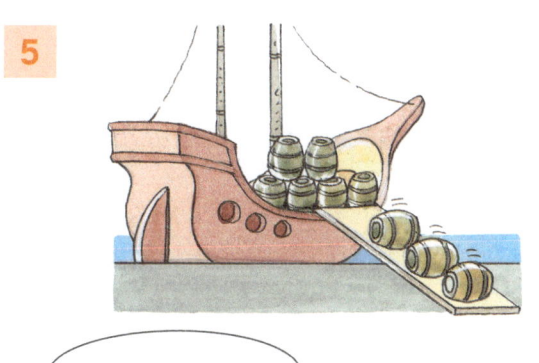

Es waren _____. _____

6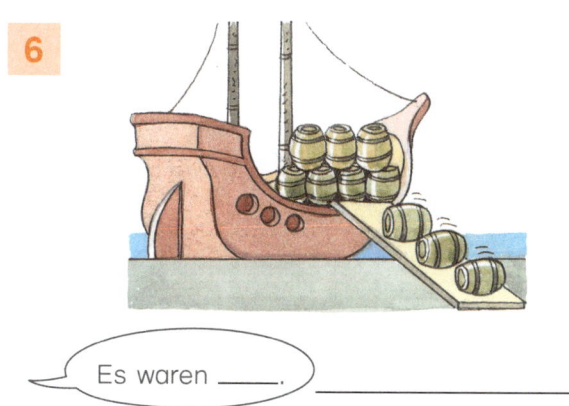

Es waren _____. _____

7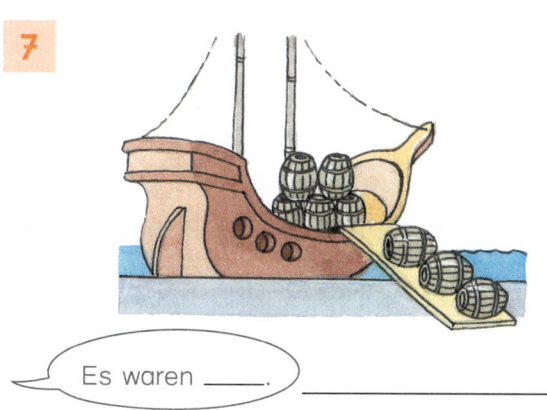

Es waren _____. _____

8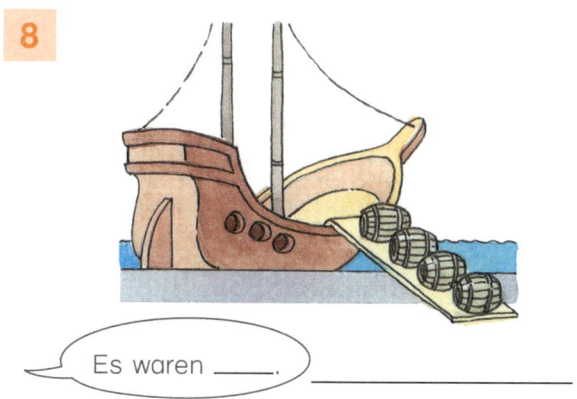

Es waren _____. _____

› **1–8** Subtraktionsgeschichten erzählen, dann Subtraktionsaufgaben schreiben.

› **AH** Seite 35–36
› **FÖ** Seite 32–33

Subtrahieren mit Rechenschiffen

 1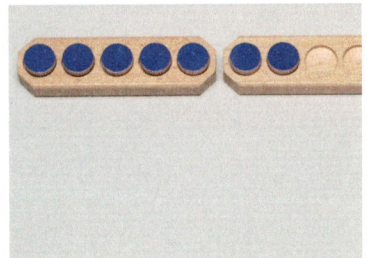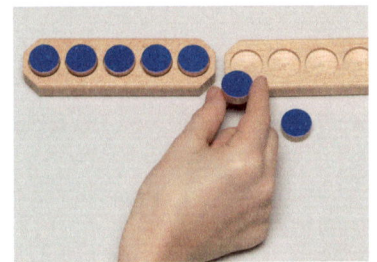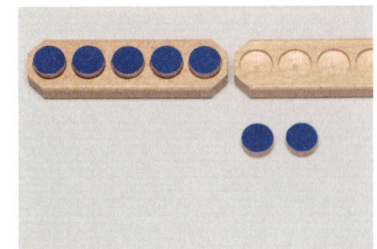

Es waren ____.

$7 - 2 = \underline{5}$

 2 Legt und rechnet.

$6 - 2 = \underline{}$ $7 - 4 = \underline{}$ $8 - 5 = \underline{}$

3

$9 - \underline{} = \underline{}$ $8 - \underline{} = \underline{}$

4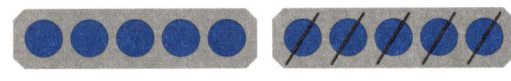

_____

5

$6 - 5 = \underline{}$ $5 - 1 = \underline{}$

6

$5 - 3 = \underline{}$ $8 - 6 = \underline{}$

 **7** **Zahlen klatschen**

Spielt mit 3 oder 4 Kindern. Legt die Zahlenkarten bis 9 auf den Tisch. Ein Kind nennt eine Subtraktionsaufgabe. Die anderen Kinder lösen die Aufgabe und klatschen schnell auf die passende Zahlenkarte. Wechselt euch ab.

$9 - 3$

6

› 1–2 Ein Kind legt Plättchen. Das andere Kind nimmt die passende Anzahl weg. Subtraktionsaufgaben schreiben.
› 3–4 Subtraktionsaufgaben schreiben.
› 5–6 Plättchen wegstreichen, Ergebnis schreiben.

› AH Seite 37
› FÖ Seite 34

54

Minuend   Subtrahend

$$\underbrace{7}_{\text{Differenz}} - \underbrace{3}_{\text{Differenz}} = 4$$

Minuend minus **Subtrahend** ist gleich **Differenz**.

1

6 – 2 = ___   8 – 0 = ___
6 – 3 = ___   8 – 1 = ___
6 – 4 = ___   8 – 2 = ___
6 – 5 = ___   8 – 3 = ___

2

7 – 2 = ___   9 – 4 = ___
7 – 3 = ___   9 – 5 = ___
7 – 4 = ___   9 – 6 = ___
7 – 5 = ___   9 – 7 = ___

3 5 – 4 = ___      Der Minuend steht da,   8 – 7 = ___
        5 – 3 = ___   der Subtrahend steht da.   8 – 6 = ___
        5 – 2 = ___   Die Differenz errechnen wir,   8 – 5 = ___
        5 – 1 = ___   das ist richtig, glaub es mir, 8 – 4 = ___
                                                   ja glaub es mir.

4 9 – 4 = ___   3 – 3 = ___   7 – 2 = ___
        8 – 4 = ___   4 – 3 = ___   6 – 2 = ___
        7 – 4 = ___   5 – 3 = ___   5 – 2 = ___
        6 – 4 = ___   6 – 3 = ___   4 – 2 = ___

5 10 – 2   **6** 9 – 3
 10 – 5    9 – 2
      10 – 3   9 – 1
      10 – 8   9 – 0

5) 1 0 – 2 = 8	6) 9 – 3 =
1 0 – 5 =	
1 0 – 3 =	
1 0 – 8 =	

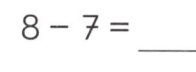

› **1–2** Subtraktionsaufgaben lösen. Bei Bedarf Plättchen durchstreichen.
› **3–4** Subtraktionsaufgaben lösen. Bei Bedarf Plättchen in Rechenschiffe legen und herausnehmen.
› **5–6** Subtraktionsaufgaben im Heft lösen.

› **AH** Seite 37
› **FÖ** Seite 34
› **FO** Seite 17

55

Entdeckerpäckchen

$$9 - 1 = 8$$
$$9 - 2 = 7$$
$$9 - 3 = 6$$

erste Zahl   zweite Zahl   Ergebnis

1

Was fällt dir auf?

$8 - 1 =$ _____
$8 - 2 =$ _____
$8 - 3 =$ _____

_____

_____

$7 - 2 =$ _____
$7 - 3 =$ _____
$7 - 4 =$ _____

_____

_____

Kreise immer das Ergebnis grün ein. Was fällt dir auf?

Ergebnis immer _____ weniger.

2

$8 - 7 =$ _____
$8 - 6 =$ _____
$8 - 5 =$ _____

_____

_____

$7 - 5 =$ _____
$7 - 4 =$ _____
$7 - 3 =$ _____

_____

_____

$9 - 6 =$ _____
$9 - 5 =$ _____
$9 - 4 =$ _____

_____

_____

Kreise immer die erste Zahl blau ein. Was fällt dir auf?

Erste Zahl immer _____ .

Kreise immer die zweite Zahl rot ein. Was fällt dir auf?

Zweite Zahl immer _____ .

_____ mehr

gleich

_____ weniger

Kreise immer das Ergebnis grün ein. Was fällt dir auf?

Ergebnis immer _____ .

> **Entdeckerpäckchen:** Aufgabenfolgen fortsetzen und lösen. Auffälligkeit beschreiben, Regeln ergänzen.
> Kopiervorlage: „Mein Entdeckerpäckchen-Heft" als weiterführende Übung nutzen.

> **AH** Seite 38
> **FÖ** Seite 38
> **FO** Seite 21

56

1

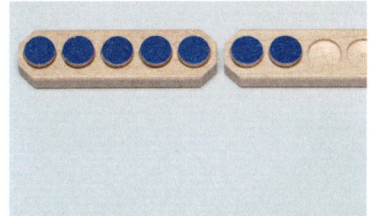 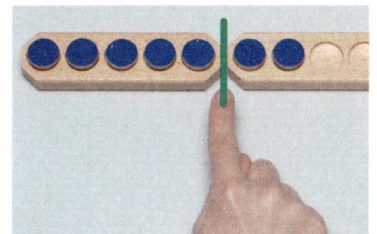 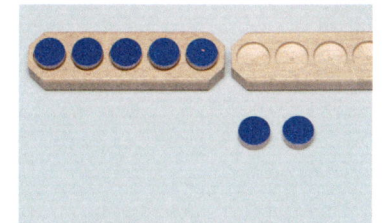

Es waren _7_ | zurück bis 5 | 7 – _2_ = 5

 2 Legt und rechnet.

6 – ___ = 1   7 – ___ = 3   8 – ___ = 5

3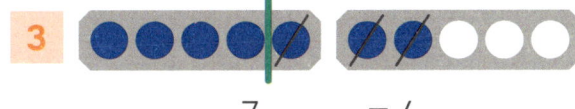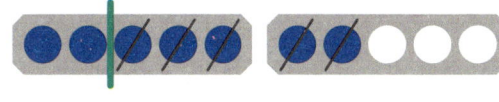

7 – ___ = 4   7 – ___ = 2

4

8 – ___ = 6   8 – ___ = 3

5

9 – ___ = 2   9 – ___ = 6

6

6 – ___ = 2	6 – ___ = 3	9 – ___ = 7
6 – ___ = 5	7 – ___ = 6	8 – ___ = 8
6 – ___ = 0	6 – ___ = 6	4 – ___ = 3
6 – ___ = 4	9 – ___ = 3	7 – ___ = 0

 7 **Plättchen mopsen**

Ein Kind legt 6 Plättchen
in die Rechenschiffe.
Das andere Kind schließt die Augen.
Das erste Kind nimmt einige Plättchen
weg. Das andere Kind öffnet die Augen
und nennt die Subtraktionsaufgabe.

vorher 6   6 – 3 = 3

› **1** Lösungsschritte nachvollziehen und rechnen. **2** Aufgabe legen und rechnen.
› **3–6** Aufgaben lösen. **4** Plättchen durchstreichen und rechnen.
› **5** Bis zu welcher Zahl wird subtrahiert? Strich an passende Stelle malen und Plättchen durchstreichen.
› **6** Bei Bedarf Rechenschiffe nutzen.

› **AH** Seite 39
› **FÖ** Seite 35
› **FO** Seite 18

57

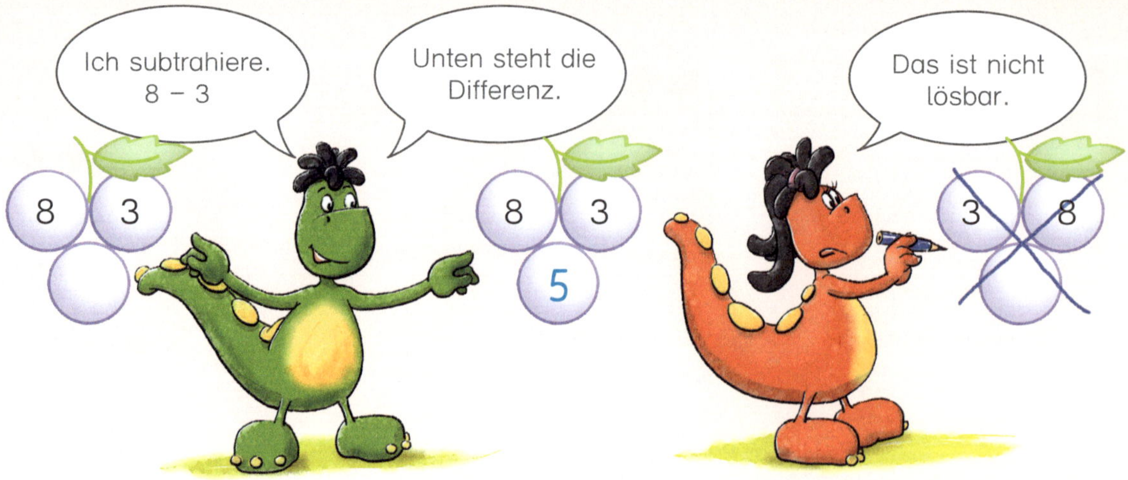

Ich subtrahiere.
8 – 3

Unten steht die
Differenz.

Das ist nicht
lösbar.

1

9 4

7 2

6 5

4 4

2

7 3

1 3

9 6

2 6

3

4
1

4 – __ = 1

5
2

8
8

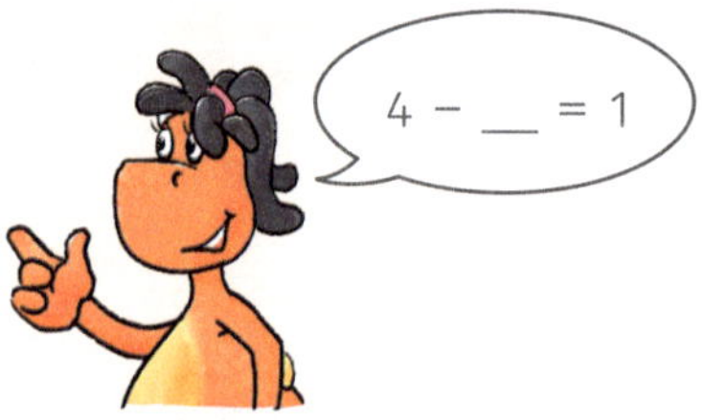

4

7
3

6
2

2
8

9
3

5

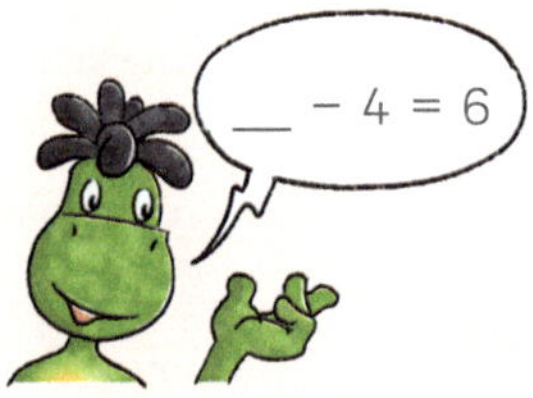

__ – 4 = 6

4
6

6
1

1
7

6

0
9

7
1

5
4

5
2

› **Minustrauben:** Benachbarte Zahlen von links nach rechts subtrahieren. Das Ergebnis in die Mitte darunter schreiben.
Nicht lösbare Traubenfelder mit X kennzeichnen.
Bei nicht lösbaren Trauben ist auch der Eintrag n.l. möglich, Abkürzung erklären.
› **3–6** Fehlende Traube bestimmen.

› **AH** Seite 40
› **FO** Seite 19

1   5 (>) 2   6 ◯ 9   9 ◯ 4   7 ◯ 1
   6 ◯ 8   2 ◯ 3   4 ◯ 0   0 ◯ 5

$5 - 2 < 9$ ist eine Ungleichung
$9 - 3 = 6$ ist eine Gleichung

2   8 − 3 (>) 3   7 − 3 ◯ 4   3 − 2 ◯ 3
   8 − 4 (=) 4   6 − 3 ◯ 4   5 − 2 ◯ 3
   8 − 5 ◯ 5   5 − 3 ◯ 4   7 − 2 ◯ 3
   8 − 6 ◯ 6   4 − 3 ◯ 4   9 − 2 ◯ 3

3   4 (>) 6 − 5   1 ◯ 9 − 3   1 ◯ 9 − 2
   4 ◯ 7 − 5   3 ◯ 9 − 2   3 ◯ 9 − 3
   4 ◯ 8 − 5   5 ◯ 9 − 1   5 ◯ 9 − 4
   4 ◯ 9 − 5   7 ◯ 9 − 0   7 ◯ 9 − 5

4   7 − 1 ◯ 6 − 2   8 − 5 ◯ 9 − 6
   7 − 2 ◯ 7 − 2   8 − 6 ◯ 7 − 5
   7 − 3 ◯ 8 − 2   8 − 7 ◯ 5 − 4
   7 − 4 ◯ 9 − 2   8 − 8 ◯ 3 − 3

 5 **Weniger gewinnt**

Würfelt beide mit zwei Würfeln.
Subtrahiert von der größeren
Würfelzahl die kleinere.
Das kleinere Ergebnis gewinnt.

Oder:
Spielt 10 Runden.
Wer gewinnt die meisten Runden?

$2 - 1 = 1$

$3 - 1 = 2$

› **1** Vergleichen. Relationszeichen <, >, = einsetzen.
› **2–4** Subtraktionsaufgaben lösen, Ergebnisse vergleichen, Relationszeichen einsetzen.

59

Subtraktionsgeschichten: Auf der Pirateninsel

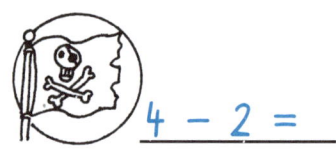

4 – 2 =

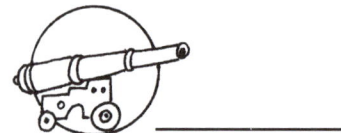

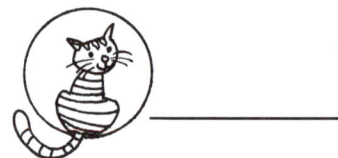

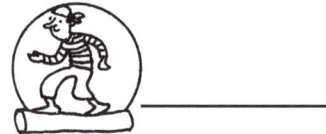

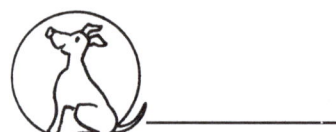

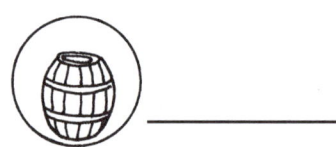

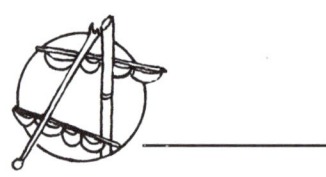

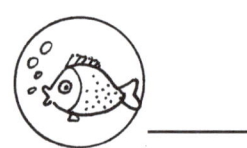

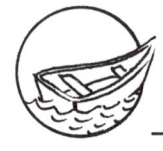

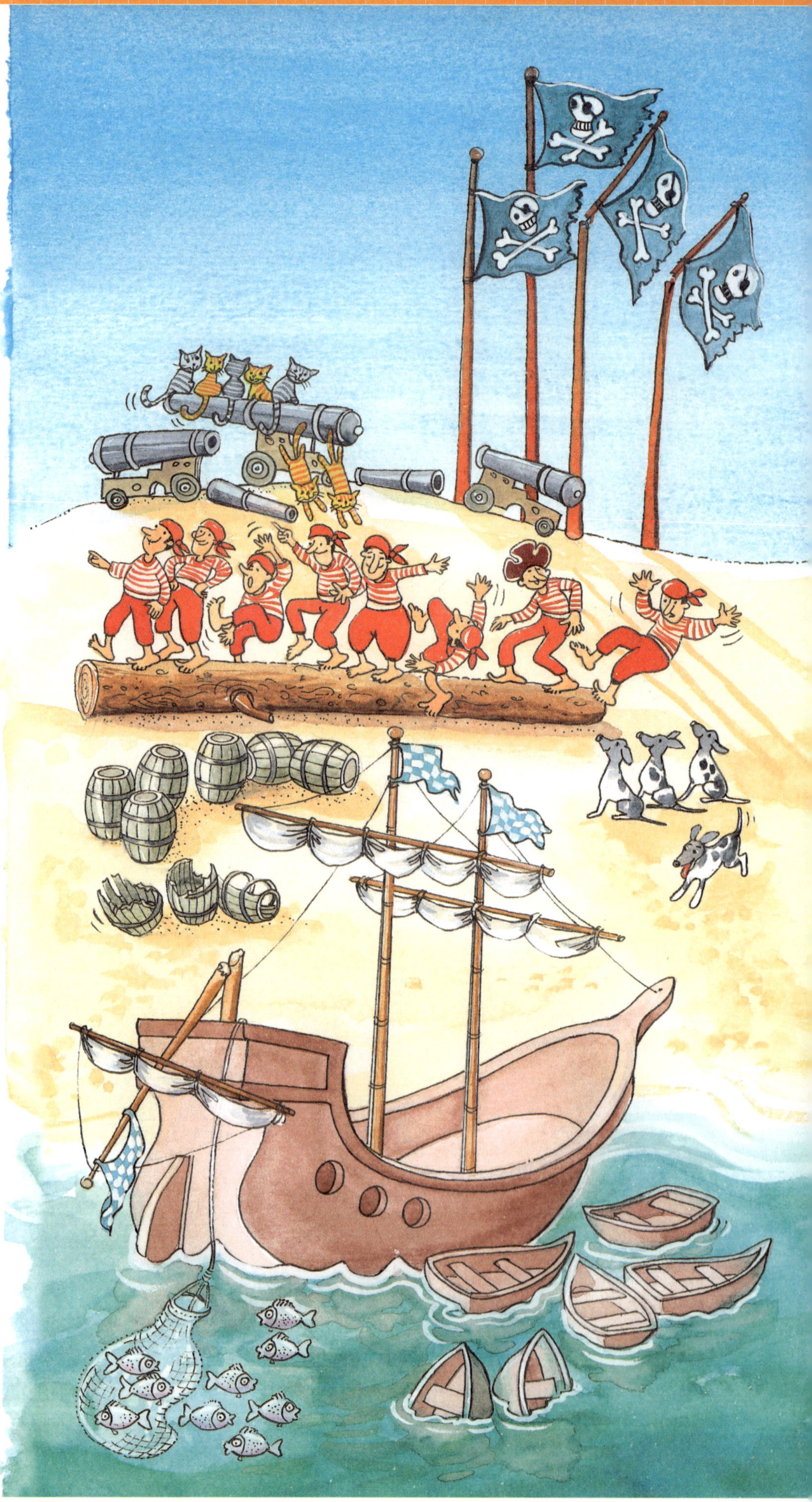

› Zu jedem Bild eine Subtraktionsgeschichte erzählen und die Subtraktionsaufgabe schreiben.

› **AH** Seite 41
› **FÖ** Seite 36–37, 39
› **FO** Seite 20

› Wo sind Subtraktionsgeschichten zu sehen? Ein Bild zeichnen und die Subtraktionsaufgabe schreiben.

› AH Seite 41
› FÖ Seite 36–37, 39
› FO Seite 20

Wahrscheinlichkeit

Bei welchem Glücksrad kann Rot gewinnen?
Ist es sicher, möglich oder unmöglich?

■ gewinnt:

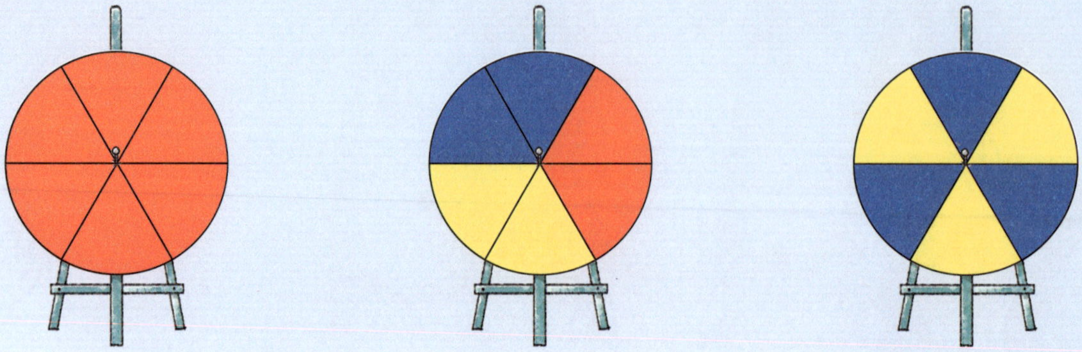

sicher   möglich   unmöglich

1 Kreise ein.

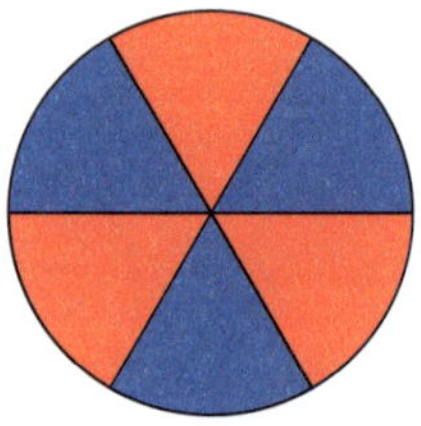

■ gewinnt: sicher   möglich   unmöglich

■ gewinnt: sicher   möglich   unmöglich

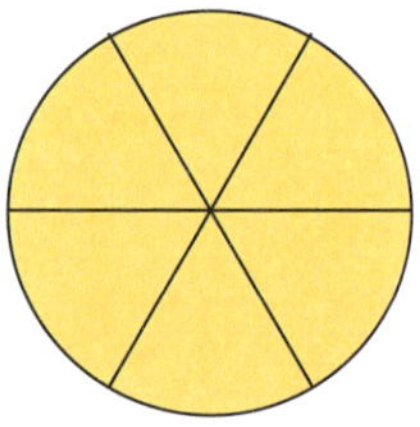

■ gewinnt: sicher   möglich   unmöglich

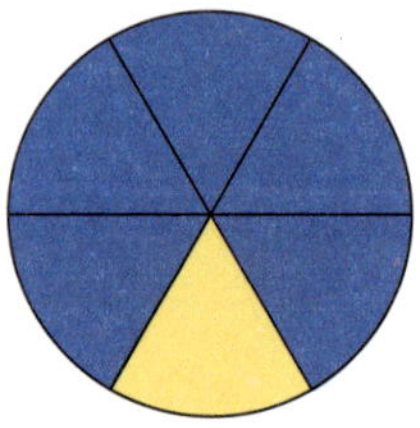

■ gewinnt: sicher   möglich   unmöglich

› **1** Ereignisse beurteilen: Ist es sicher, möglich oder unmöglich?   › AH Seite 42

1 Kreise ein.

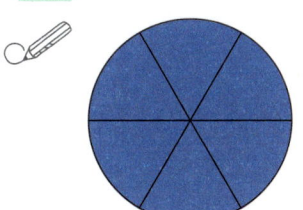

 gewinnt: | sicher | möglich | unmöglich |

gewinnt: | sicher | möglich | unmöglich |

 gewinnt: | sicher | möglich | unmöglich |

 gewinnt: | sicher | möglich | unmöglich |

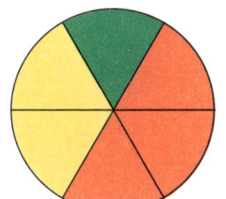

 gewinnt: | sicher | möglich | unmöglich |

 gewinnt: | sicher | möglich | unmöglich |

2 Male passend an.

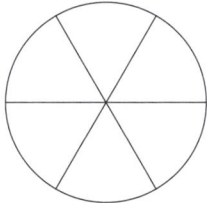   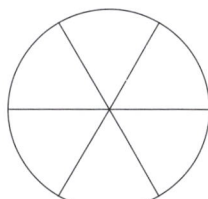   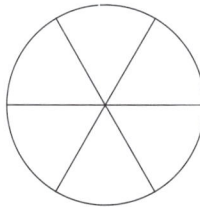

 gewinnt: gewinnt: gewinnt:

| sicher | | möglich | | unmöglich |

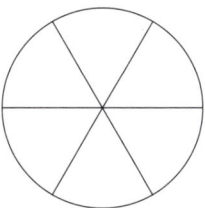

 gewinnt: gewinnt: gewinnt:

| möglich | | unmöglich | | möglich |

› **1** Ereignisse beurteilen: Ist es sicher, möglich oder unmöglich?
› **2** Glücksräder passend färben. Es gibt verschiedene Möglichkeiten.
› Nach dieser Seite empfiehlt sich Diagnosetest D7.

› **AH** Seite 42
› **FO** Seite 42–43

63

Vorwärts am Rechenstrich

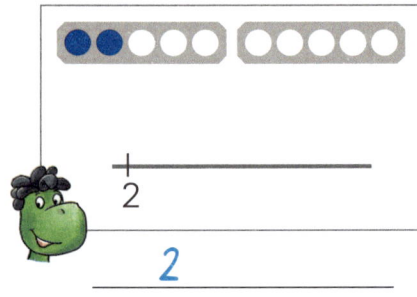

2

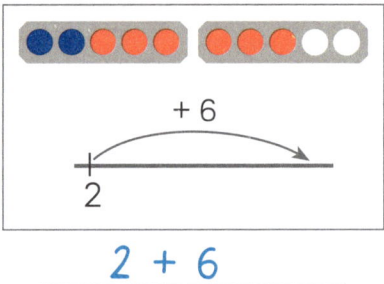

2 + 6

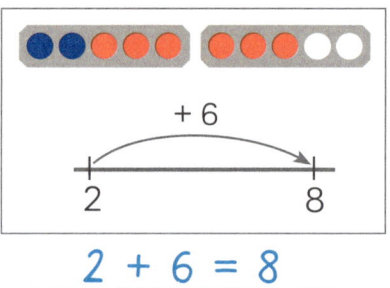

2 + 6 = 8

1

6 + 3 = ____

+ 3

6

5 + 3 = ____

5

4 + 5 = ____

4

2 2 + 4 = ____   7 + 2 = ____   1 + 8 = ____   6 + 4 = ____

3 + 7 = ____   4 + 4 = ____   5 + 4 = ____   4 + 3 = ____

Rückwärts am Rechenstrich

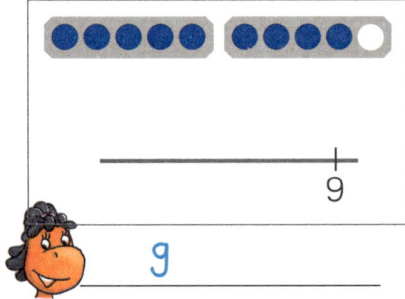

9

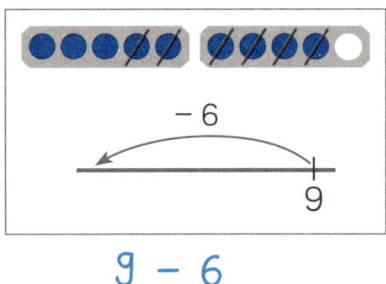

9 − 6

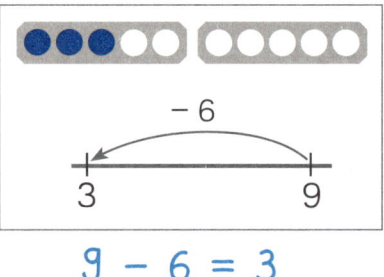

9 − 6 = 3

3

6 − 3 = ____

6

5 − 3 = ____

5

9 − 2 = ____

9

4 8 − 3 = ____   7 − 2 = ____   8 − 7 = ____   7 − 4 = ____

10 − 7 = ____   6 − 4 = ____   9 − 5 = ____   8 − 6 = ____

› **1, 3** Am Rechenstrich lösen, fehlende Zahlen ergänzen.

› **2, 4** Bei Bedarf Rechenstrich zeichnen.

› **AH** Seite 43

Aufgabe +3

2 + 3 = ___   2 ___

Umkehraufgabe

5 − 3 = ___   ___ 5 − 3

1 5 + 3 = ___
8 − 3 = ___   5 +3 −3 **8**

2 4 + 2 = ___
6 − 2 = ___   4 +2 −2 **6**

3 6 + 2 = ___
8 − 2 = ___   6 **+2** **8**

4 4 + 3 = ___
___   4

5 ___ + 3 = 9
9 − 3 = ___   +3 9

6 ___ + 7 = 9
9 − 7 = ___   +7 9

7 ___ + 2 = 7
___   7

8 ___ + 4 = 6
___   6

Aufgabe − 3

5 − 3 = ___   ___ 5

Umkehraufgabe

2 + 3 = ___   2 +3 ___

9 ___ − 3 = 4
___   4 −3 **+3**

10 ___ − 3 = 6
___   6 −3

11 ___ − 2 = 7
___   7 −2

12 ___ − 4 = 4
___   4 −4

› 1–2 Aufgabe lösen.
› 3–4 Additionsaufgabe lösen, am Rechenstrich eintragen, Umkehraufgabe bilden und eintragen.
› 5–12 Aufgabe ergänzen, am Rechenstrich eintragen, Umkehraufgabe bilden und eintragen.
› AH Seite 44
› FÖ Seite 43
› FO Seite 24

65

1

Plumino

Pluminchen

$4 + 3 =$ _____
$3 + 4 =$ _____
$7 - 3 =$ _____
$7 - 4 =$ _____

Drei Zahlen im Kopf, vier Aufgaben im Bauch:

2 **3** **4** **5** **6** **7**

> **Pluminchen und Plumino:** Aufgabe, Tauschaufgabe und Umkehraufgaben bilden.

› **AH** Seite 45
› **FO** Seite 25

Zwei Additionsaufgaben,   zwei Subtraktionsaufgaben.

1 3 7

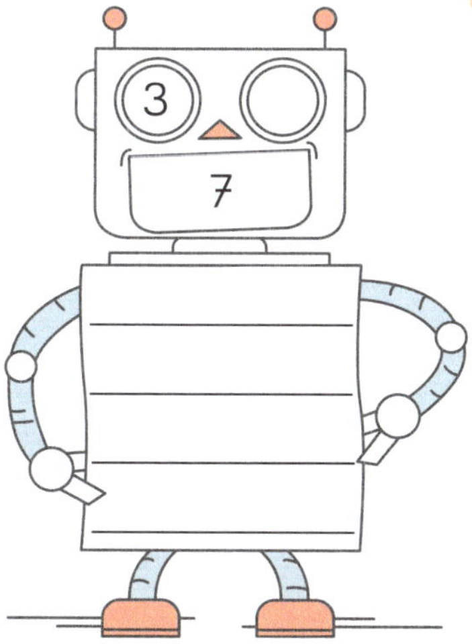

2 6 8

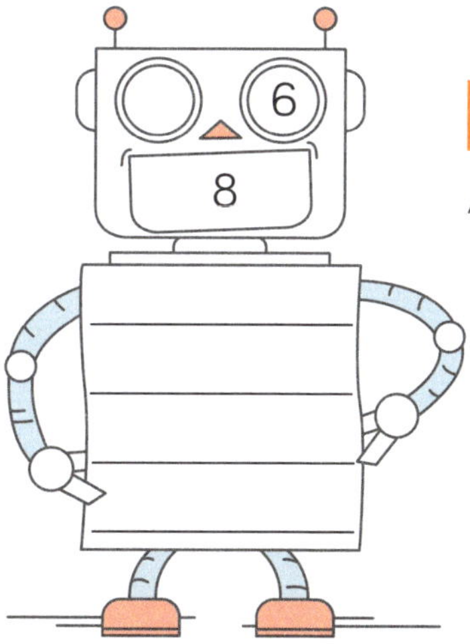

3

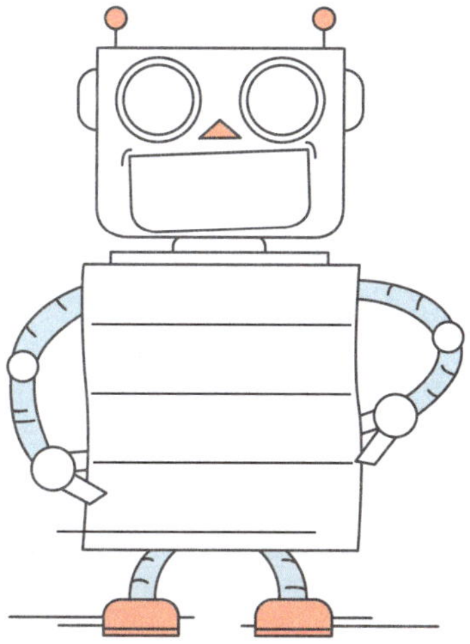

4 4 8

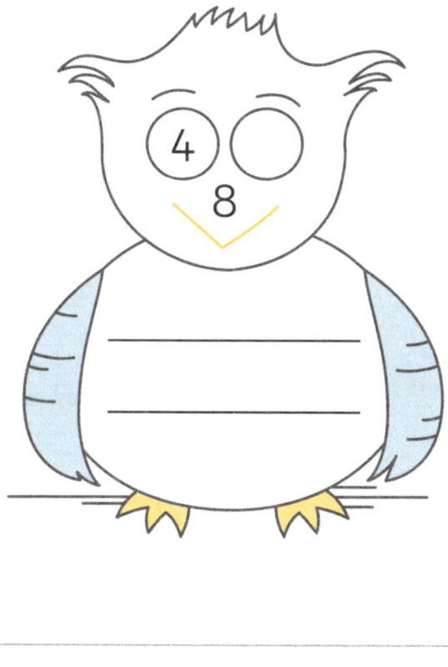

5 3 6

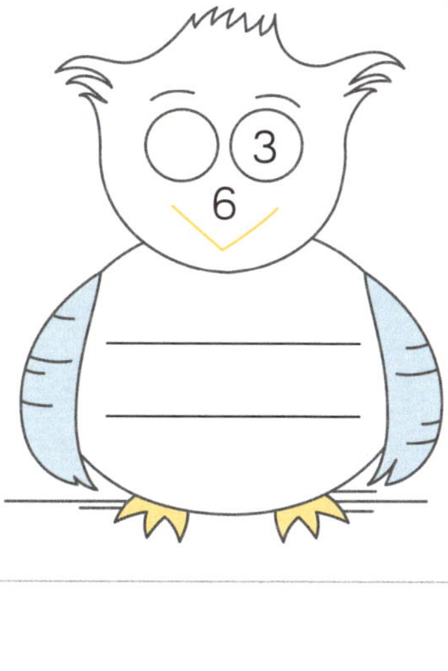

6

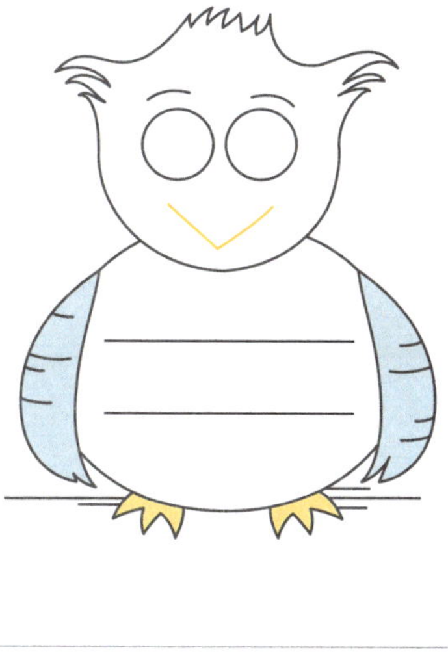

1

$\underline{8} - 2 = 6$, denn $6 + 2 = \underline{8}$ $\underline{} - 3 = 6$, denn $6 + 3 = \underline{}$

2

$\underline{} - 2 = 5$, denn $\underline{} + 2 = \underline{}$ $\underline{} - 3 = 5$, denn $\underline{} + 3 = \underline{}$

3

 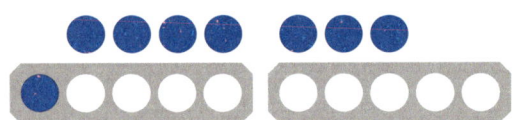

$\underline{} - 6 = 1$, denn $\underline{} + 6 = \underline{}$ $\underline{} - 7 = 1$, denn $\underline{} + 7 = \underline{}$

4

$\underline{} - 4 = 2$ $\underline{} - 4 = 5$ $\underline{} - 1 = 6$ $\underline{} - 5 = 3$

$\underline{} + 4 = \underline{}$ $\underline{} + 4 = \underline{}$ $\underline{} + 1 = \underline{}$ $\underline{} + 5 = \underline{}$

5

$3 - \underline{} = 1$ $3 - \underline{} = 0$ $\underline{} - 5 = 1$ $\underline{} - 6 = 0$

$7 - \underline{} = 5$ $6 - \underline{} = 3$ $\underline{} - 5 = 3$ $\underline{} - 6 = 2$

$10 - \underline{} = 8$ $8 - \underline{} = 5$ $\underline{} - 5 = 5$ $\underline{} - 6 = 3$

6

$\underline{} + 4 = 6$  $\underline{} + 1 = 7$ $\underline{} + 5 = 9$

$\underline{} + 3 = 6$ $\underline{} + 6 = 7$ $\underline{} + 8 = 9$

$\underline{} + 5 = 6$ $\underline{} + 3 = 7$ $\underline{} + 4 = 9$

7

$\underline{} + 2 = 6$ $\underline{} + 4 = 5$ $\underline{} + 3 = 5$ $\underline{} + 5 = 8$

$2 + \underline{} = 7$ $2 + \underline{} = 6$ $4 + \underline{} = 7$ $1 + \underline{} = 6$

$\underline{} - 2 = 7$ $\underline{} - 4 = 4$ $\underline{} - 3 = 6$ $\underline{} - 5 = 4$

$10 - \underline{} = 6$ $10 - \underline{} = 7$ $10 - \underline{} = 4$ $10 - \underline{} = 5$

› **1–4** Umkehraufgabe bilden, Aufgabe lösen.
› **5–7** Gesuchte Zahl mit Hilfe der Ergänzungs- oder der Umkehraufgabe finden.

› **AH** Seite 46
› **FÖ** Seite 44, 45
› **FO** Seite 26

› Additions- und Subtraktionsgeschichten erzählen, dann Aufgaben schreiben.
› Nach dieser Seite empfiehlt sich Diagnosetest D8.

› FÖ Seite 46/47
› FO Seite 28

1

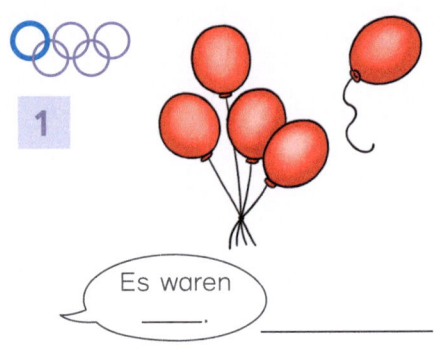  

Es waren ____. _____ Es waren ____. _____ Es waren ____. _____

2
7 – 1 = ___   7 – 6 = ___
9 – 5 = ___   9 – 4 = ___
8 – 3 = ___   8 – 5 = ___

5 – 4 = ___   10 – 7 = ___
9 – 0 = ___   10 – 0 = ___
6 – 3 = ___   10 – 3 = ___

3
7 – 5 = ___   10 – 10 = ___
7 – 4 = ___   10 – 8 = ___
7 – 3 = ___   10 – 6 = ___
_____   _____

4 Wie heißen die Formen? Verbinde.

Kreis

Quadrat

Dreieck

6 Aufgabe und Umkehraufgabe

6 + 2 = ___
8 – 2 = ___
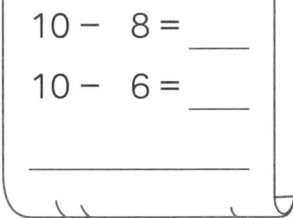

___ + 3 = 9
9 – 3 = ___
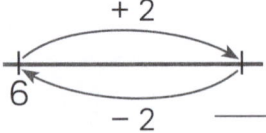

___ + 4 = 7
_____
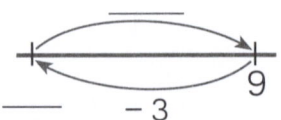

5
  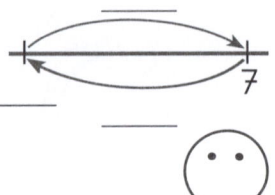

△ ____   △ ____
□ ____   □ ____

› **1** Subtraktionsaufgaben finden. **2** Subtraktionsaufgaben lösen.
› **3** Entdeckerpäckchen lösen und fortsetzen.
› **6** Aufgabe und passende Umkehraufgabe am Rechenstrich eintragen und lösen.

1 ⟨<⟩,⟨>⟩ oder ⟨=⟩. Setze ein.

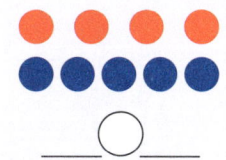   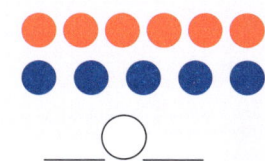   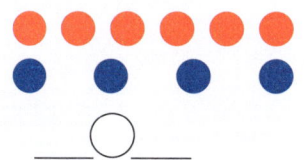

_____○_____   _____○_____   _____○_____

2 ⟨<⟩,⟨>⟩ oder ⟨=⟩. Setze ein.

5 ○ 10   8 ○ 8   2 ○ 0   6 ○ 10   10 ○ 9

8 ○ 4   8 ○ 9   4 ○ 10   9 ○ 8   4 ○ 5

3 $3 + 7 =$ ___ $1 + 4 =$ ___   **4** $2 + 3 =$ ___ $3 + 3 =$ ___

$8 + 0 =$ ___ $6 + 2 =$ ___ $2 + 4 =$ ___ $3 + 4 =$ ___

$4 + 4 =$ ___ $0 + 9 =$ ___ $2 + 5 =$ ___ $3 + 5 =$ ___

$3 + 6 =$ ___ $5 + 5 =$ ___   _____   _____   ⌣

5

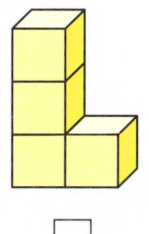

6

7

8

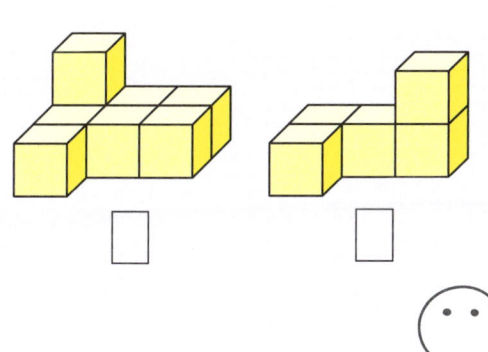

⌣

› **1 – 2** Mengen/Zahlen vergleichen.
› **3** Aufgaben lösen.   **4** Lösen und fortsetzen..
› **5** Würfelanzahl eintragen. **6 – 7** Minustrauben lösen.
› **8** Eigene Minustrauben erfinden.

71

Längen

Fußlänge

Fingerbreite

Fingerspanne

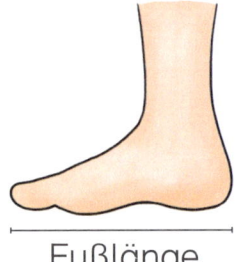  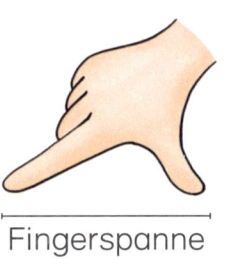

		ICH	DU

› **1** Streifen der Länge nach ordnen.
› **2** Längen unterschiedlicher Gegenstände mit einem Band oder Faden vergleichen.
› **3** Mit Körpermaßen messen und mit Partnerkind vergleichen. Hinweis: Jeweils auf einen zu messenden Gegenstand einigen.

Beim Messen immer die Null anlegen. Es sind 5 cm.

|————| 1 Zentimeter   Schreibe: 1 cm

1 _____ cm

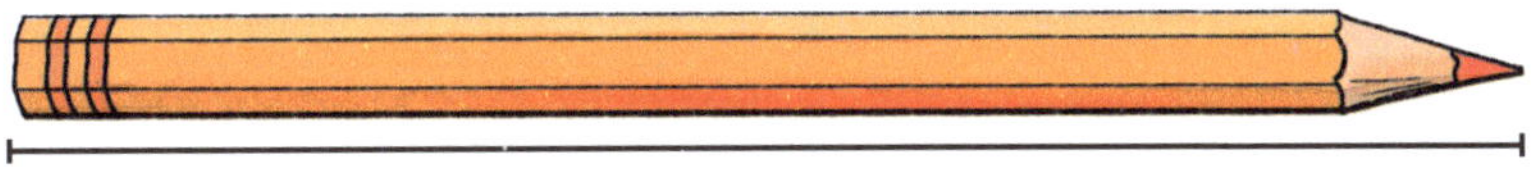

_____ cm    _____ cm

_____ cm    _____ cm

2 _____ cm   1.

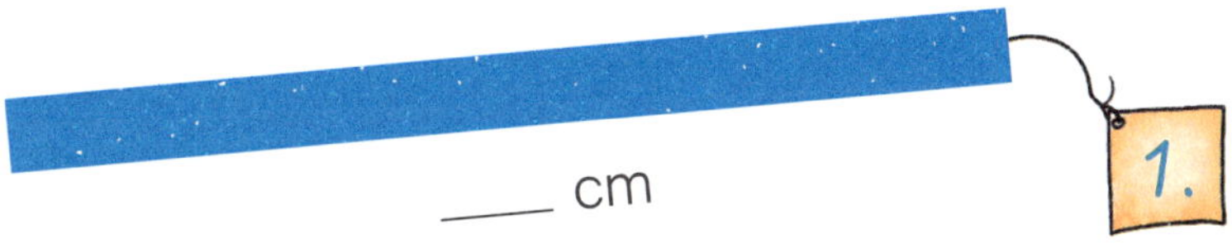

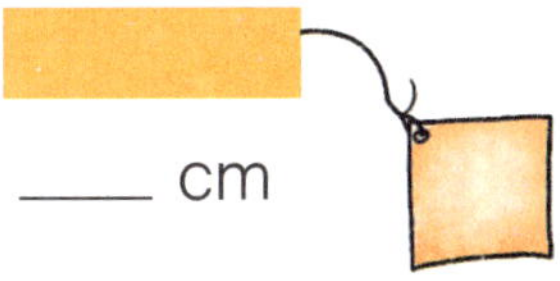

_____ cm 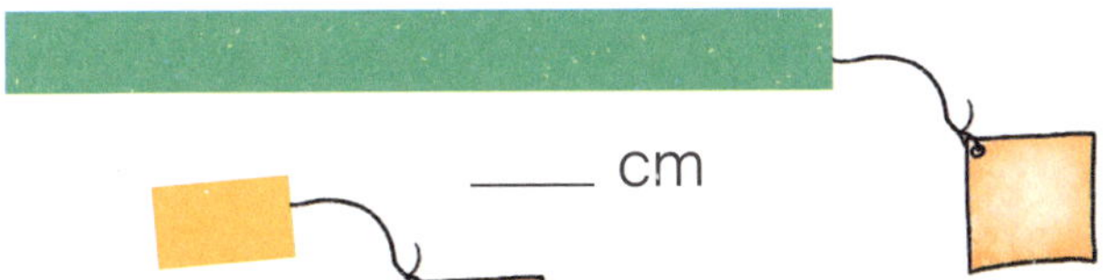   _____ cm

_____ cm

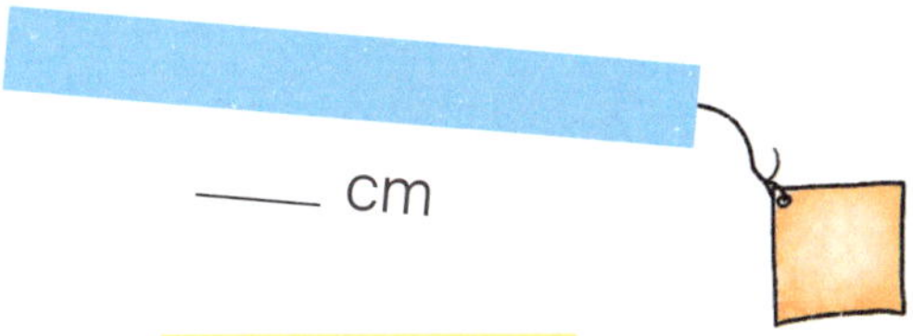

_____ cm 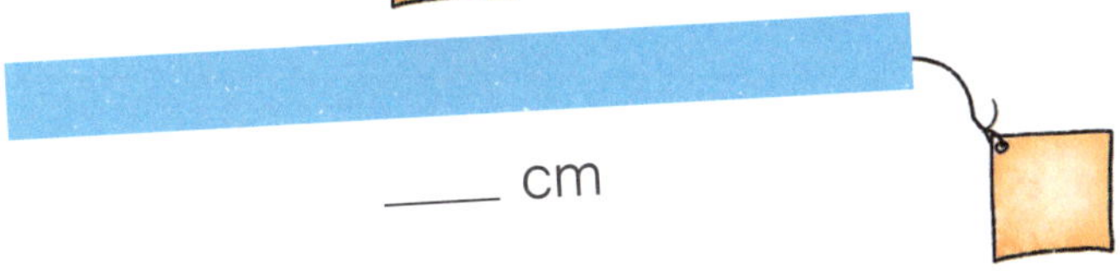   _____ cm

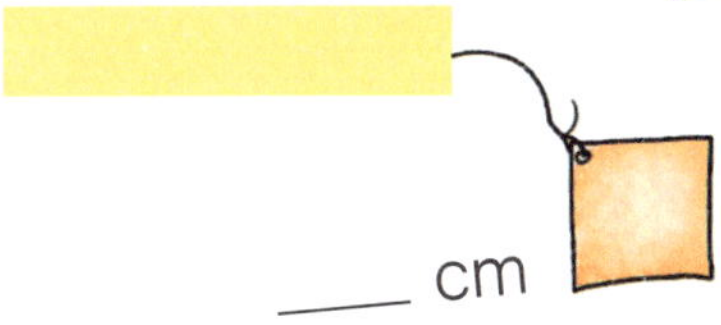

_____ cm

3 1. Streifen und 7. Streifen _____ cm

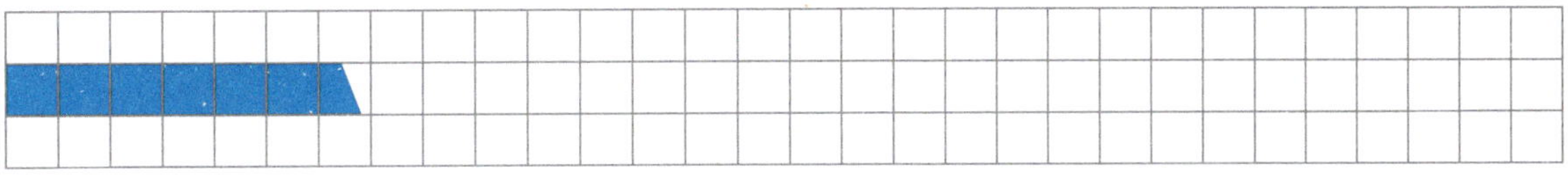

4. Streifen und 5. Streifen _____ cm

› **1** Mit dem Lineal messen.
› **2** Streifen messen und ordnen.
› **3** Passende Streifen aus Aufgabe 2 zeichnen und Gesamtlänge bestimmen.

› **AH** Seite 47

73

Punkt, Gerade, Strahl, Strecke

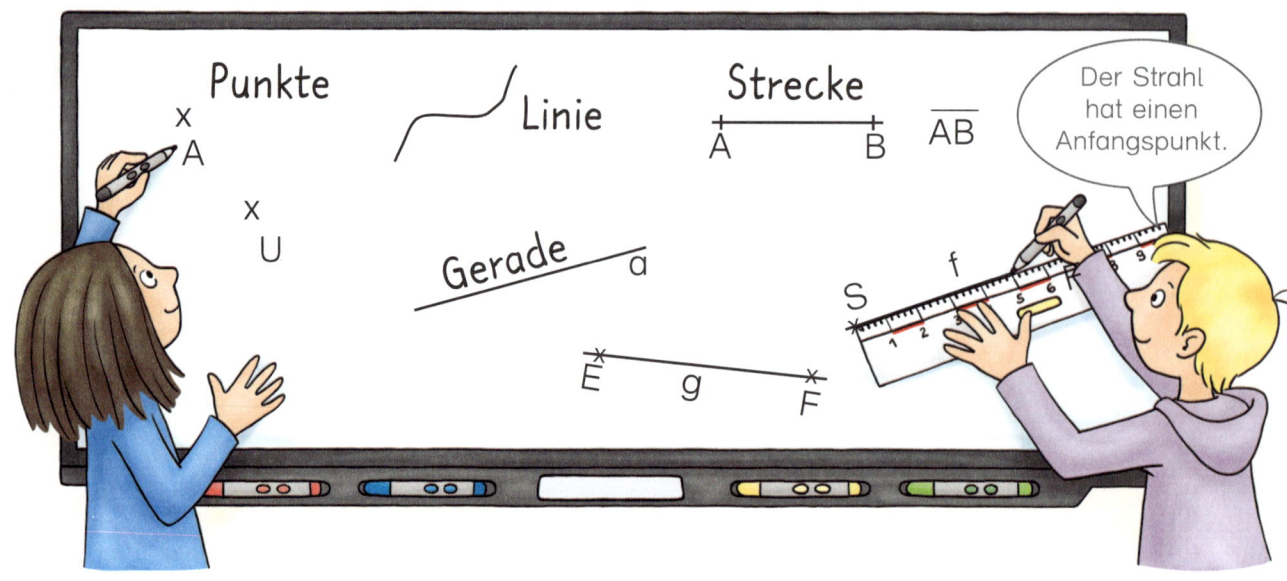

1 Zeichne die Punkte in das andere Feld.

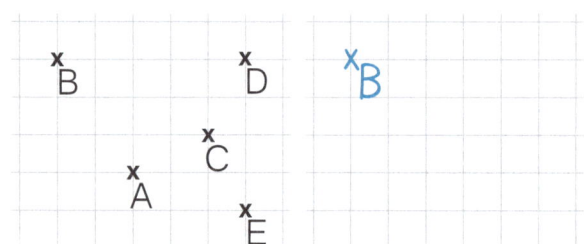
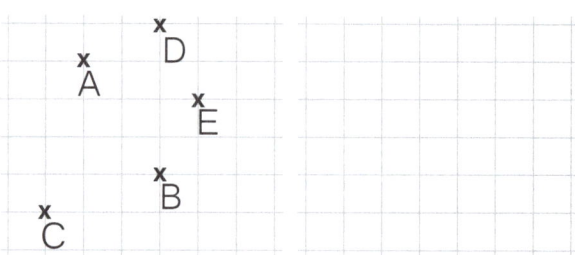

2 Zeichne durch die Punkte Geraden.

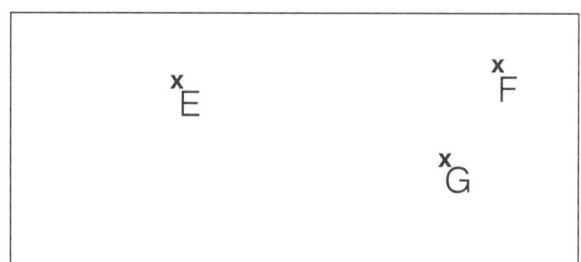

3 Zeichne einen Strahl f.

Zeichne vom Punkt S drei Strahlen.

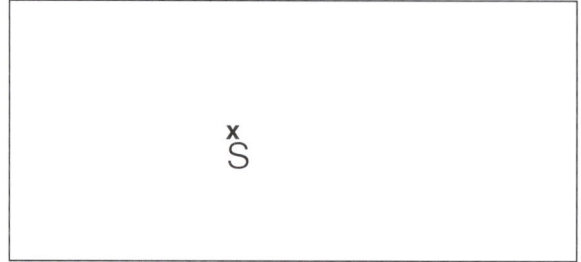

 4 Zeichne Strecken: $\overline{AB}$, $\overline{CD}$, $\overline{EF}$.

› 1–4 Punkte, Geraden, Strecken, Strahlen zeichnen. Auf richtige Beschriftung hinweisen. › AH Seite 48

74

Das ist die Gerade g. Geraden bezeichnet man mit Kleinbuchstaben.

x B

Das ist der Punkt B. Punkte bezeichnet man mit Großbuchstaben.

Das ist die Strecke $\overline{AC}$.

Das ist der Strahl f.

1

U ____ cm   E

____ cm   R

L ____ cm   A

R ____ cm   S

M ____ cm   N

Eine Strecke hat einen Anfangspunkt und einen Endpunkt.

Schrittfolge beim Zeichnen einer Strecke CD = 5 cm.

1. Zeichne eine Gerade.

2. Gib auf der Geraden einen Punkt C an.

C

3. Lege das Lineal mit der Null am Punkt C an.

4. Miss 5 cm ab und zeichne Punkt D auf die Gerade.

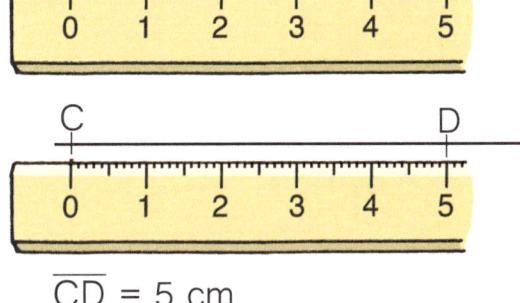

$\overline{CD}$ = 5 cm

2 Zeichne Strecken: $\overline{AB}$ = 8 cm $\overline{CD}$ = 4 cm $\overline{EF}$ = 3 cm $\overline{GH}$ = 6 cm

3 Welche Sätze stimmen? Kreuze an.

L ———————— M

E ———————————————— F

N ———— P

1. $\overline{LM}$ ist kürzer als $\overline{EF}$. ☐
2. $\overline{EF}$ ist länger als $\overline{LM}$. ☐
3. $\overline{LM}$ und $\overline{NP}$ sind gleich lang. ☐
4. $\overline{NP}$ ist länger als $\overline{EF}$. ☐

› **1** Strecken messen. **2** Strecken in das Heft zeichnen.
› **3** Richtige Lösung ankreuzen.
› Nach dieser Seite empfiehlt sich Diagnosetest D9.

› AH Seite 48

75

1

| 1 | 2 | | | 5 | | | | | | | |

2

Zehner	Einer
1	
10 +	

3

Zehner	Einer
___	

Zehner	Einer
___	

4

Zehner	Einer
___	

Zehner	Einer
___	

5

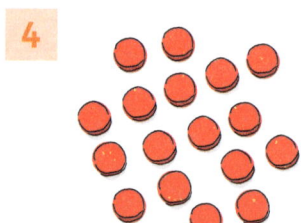

Zehner	Einer
___	

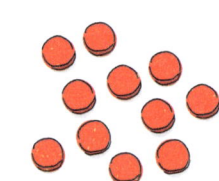

Zehner	Einer
___	

6

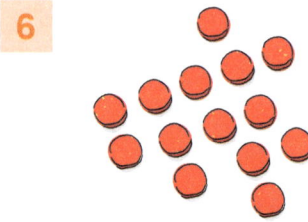

Zehner	Einer
___	

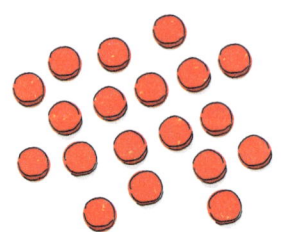

Zehner	Einer
___	

› 1 Zahlenkette vervollständigen.
› 2–6 Immer zehn Plättchen zusammenfassen, dann Zehner, Einer und Gesamtzahl eintragen.

› FÖ Seite 50

1

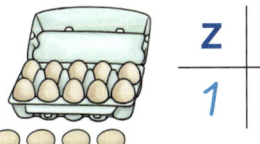

Z	E
1	4

10 + 4 = _____

Z	E

10 + ___ = _____

Z	E

_____

2

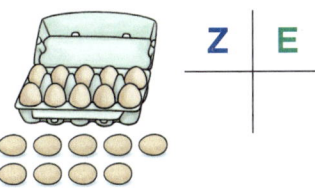

Z	E

_____

Z	E

_____

Z	E

_____

3

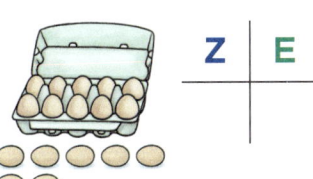

Z	E

_____

Z	E

_____

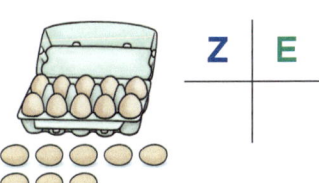

Z	E

_____

4

10 + 3 = _____   10 + 1 = _____   10 + 0 = _____   10 + 5 = _____

10 + 7 = _____   10 + 8 = _____   10 + 4 = _____   10 + 6 = _____

10 + 2 = _____   10 + 9 = _____   10 + 3 = _____   10 + 10 = _____

› **1–4** Zehner und Einer eintragen, dann Additionsaufgabe schreiben.

› AH Seite 49
› FÖ Seite 51
› FO Seite 34

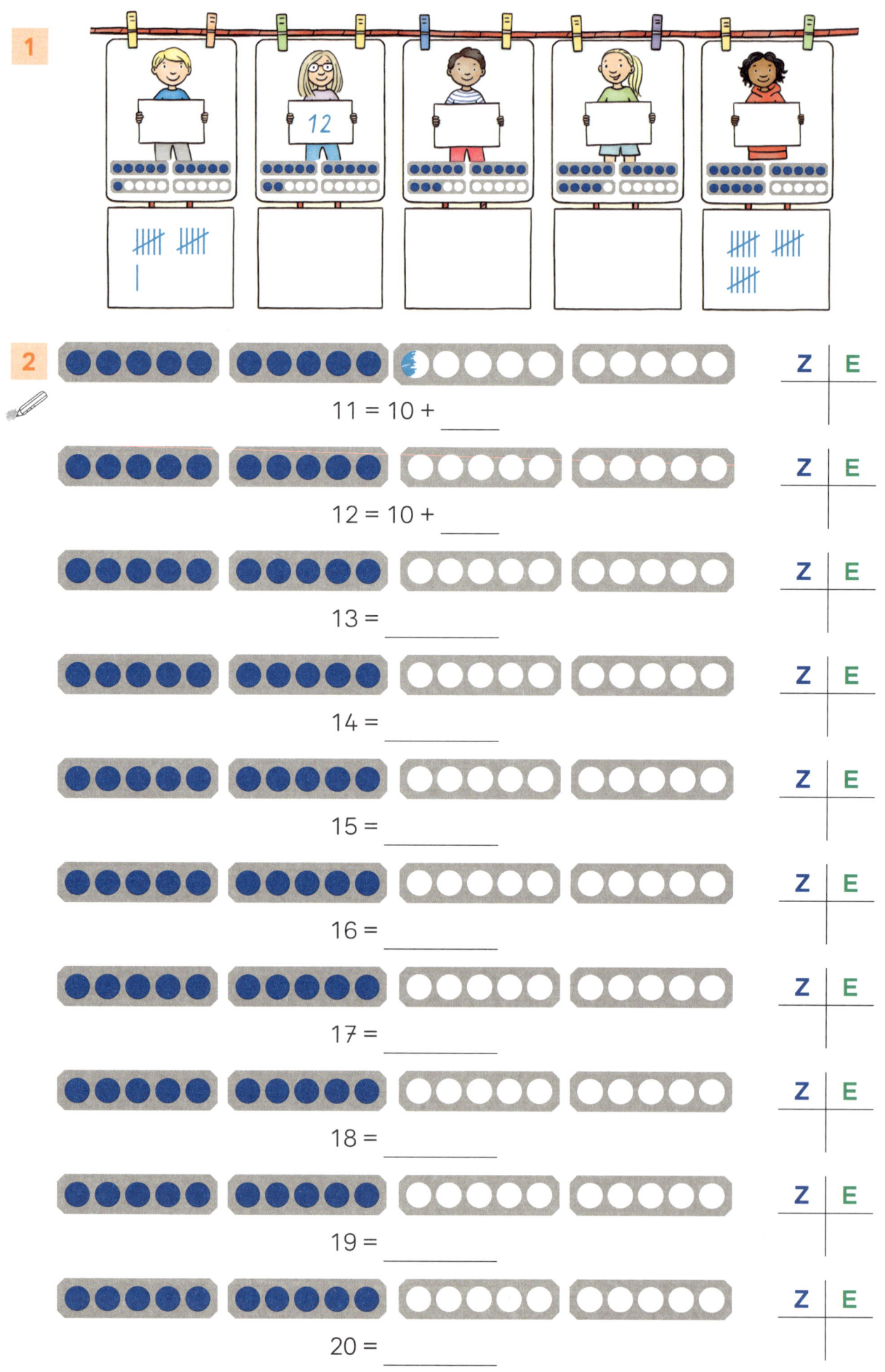

1

2

11 = 10 + _____   Z | E

12 = 10 + _____   Z | E

13 = _____   Z | E

14 = _____   Z | E

15 = _____   Z | E

16 = _____   Z | E

17 = _____   Z | E

18 = _____   Z | E

19 = _____   Z | E

20 = _____   Z | E

› **1** Fehlende Zahlen/Striche eintragen.
› **2** Die Zahlen von 11 bis 20 aus Zehnern und Einern bilden, in Stellentafel eintragen, Zerlegungen bilden.

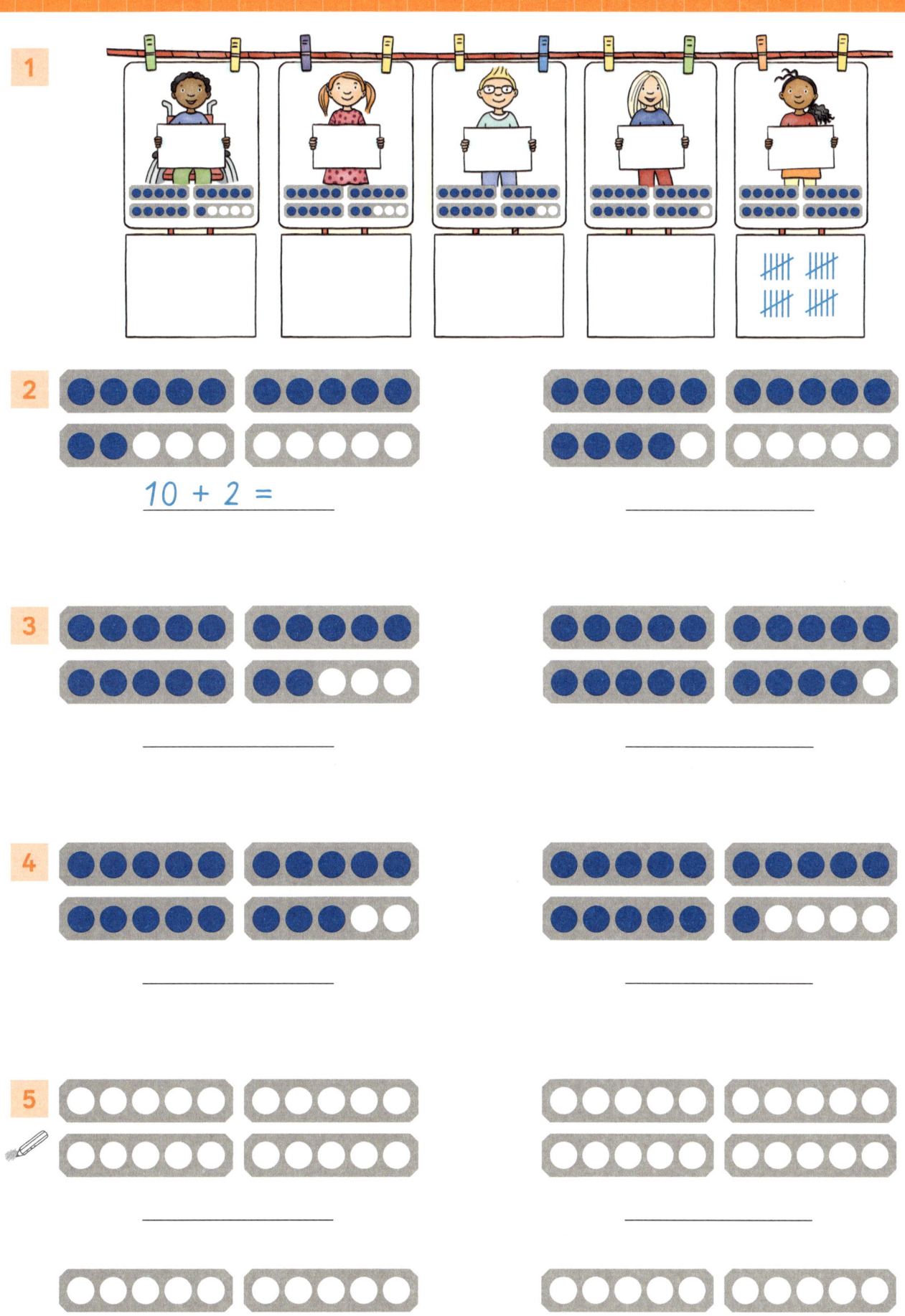

2

$$10 + 2 = \underline{\hspace{2cm}}$$

$$\underline{\hspace{3cm}}$$

3

$$\underline{\hspace{3cm}}$$

$$\underline{\hspace{3cm}}$$

4

$$\underline{\hspace{3cm}}$$

$$\underline{\hspace{3cm}}$$

5

$$\underline{\hspace{3cm}}$$

$$\underline{\hspace{3cm}}$$

$$\underline{\hspace{3cm}}$$

$$\underline{\hspace{3cm}}$$

› **1** Fehlende Zahlen/Striche eintragen.
› **2–4** Gleichungen schreiben.
› **5** Eigene Aufgabe: Plättchen malen, Gleichung schreiben.

› AH Seite 50

Rechenrahmen zusammen 20 Perlen

oben 10 Perlen
unten 10 Perlen

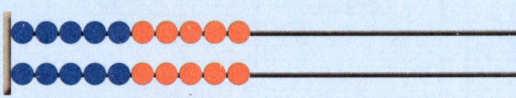

Starte so. 0

7

7 sind 5 und 2.

1 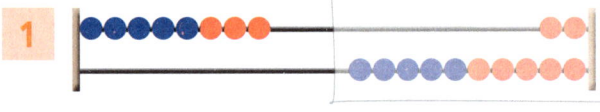 _____

1 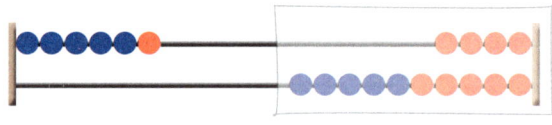 _____

2 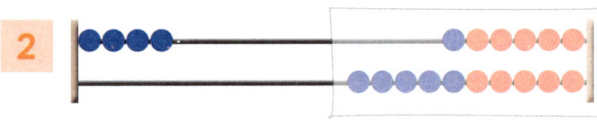 _____

2 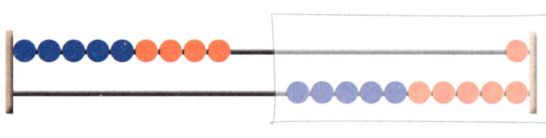 _____

3 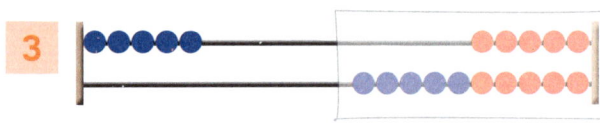 _____

3 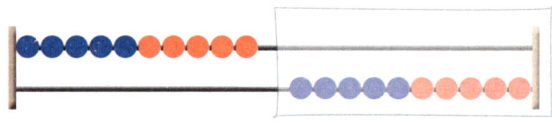 _____

4 **Zahlen schieben**

Ein Kind zieht eine Zahl bis 10.
Es sagt, wie das andere Kind
schieben soll.
Das andere Kind schiebt
und nennt die Zahl.

8

5 und 3

8

› **1–4** Zahlen am Rechenrahmen einstellen und schreiben.

› **AH** Seite 51
› **FÖ** Seite 54
› **FO** Seite 34

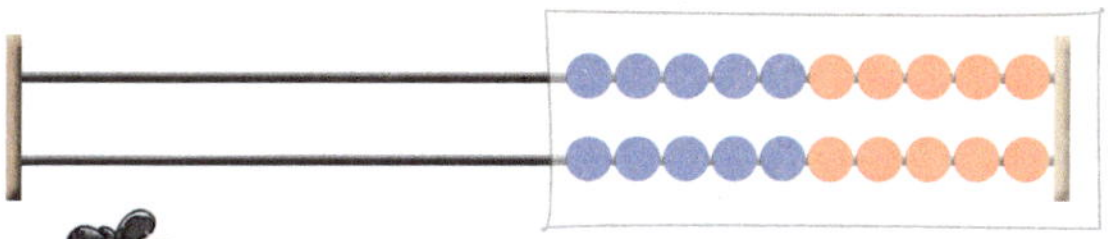

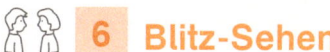

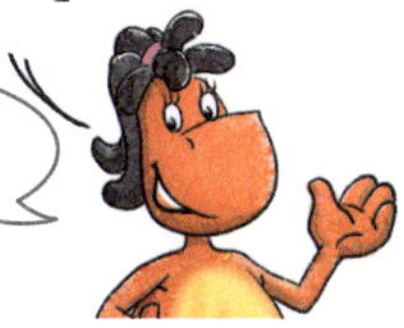
Starte so.

0

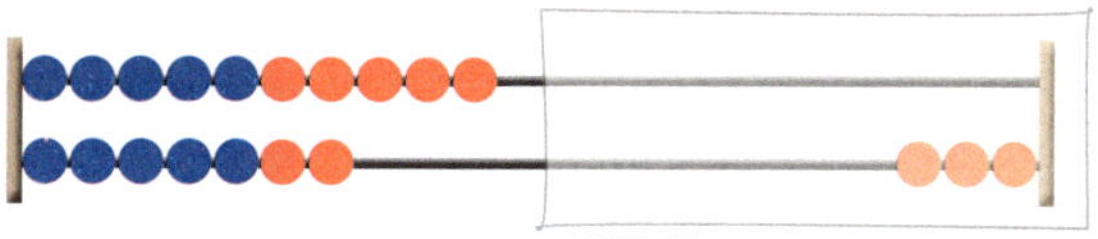

17

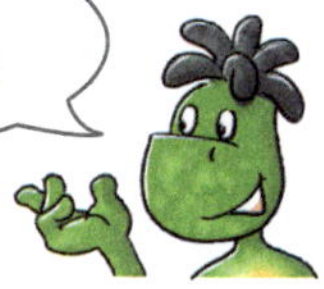
oben 10,
unten 5 und 2

1

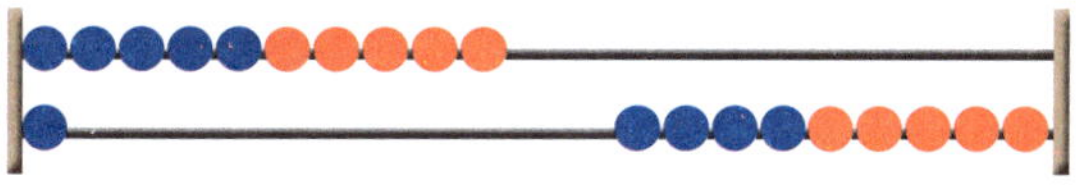

____

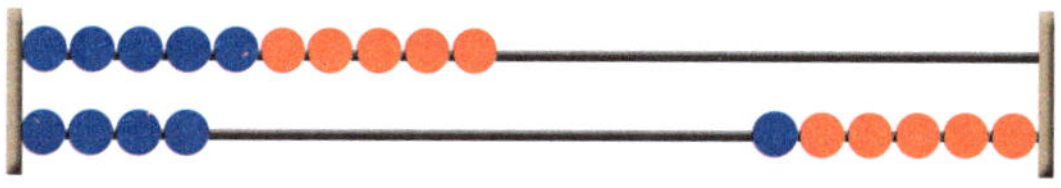

____

2

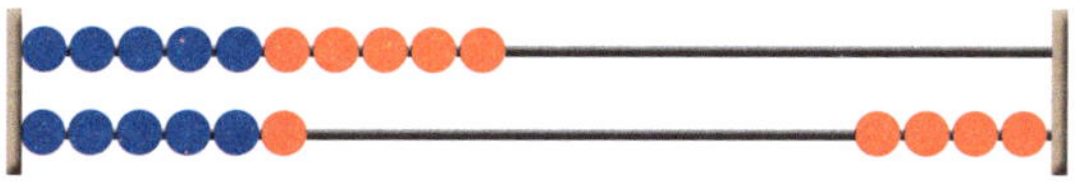

____

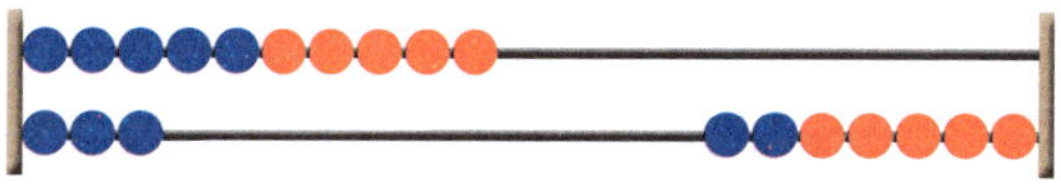

____

3

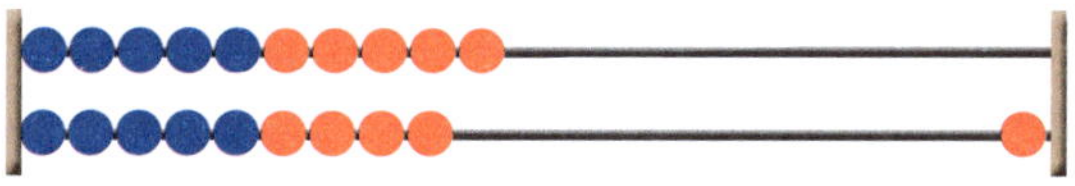

____

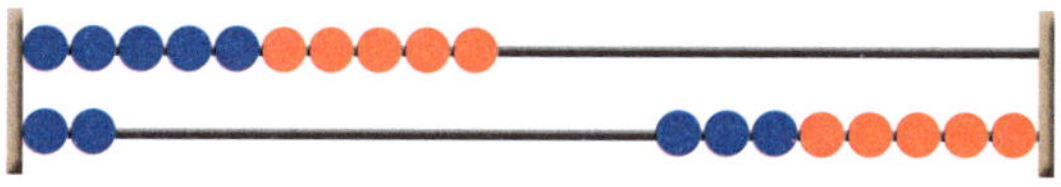

____

4

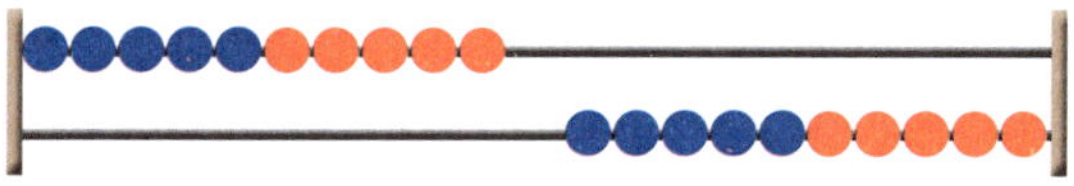

____

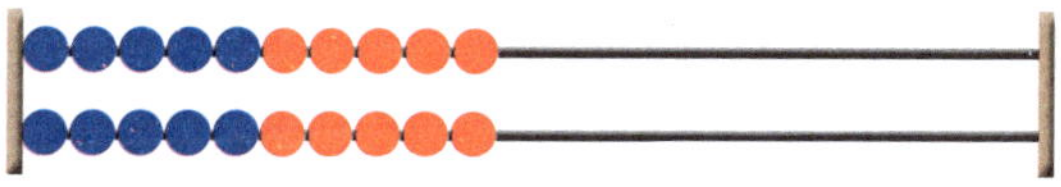

____

5

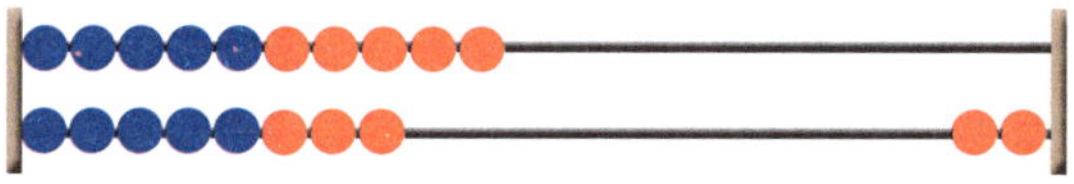

____

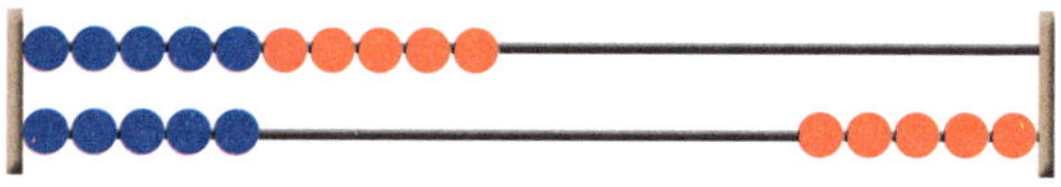

____

6 Blitz-Sehen

Ein Kind schiebt verdeckt eine Zahl. Es zeigt sie nur kurz. Das andere Kind nennt die Zahl.

8

› 1–5 Zahlen am Rechenrahmen einstellen und schreiben.

› AH Seite 51
› FÖ Seite 55
› FO Seite 35

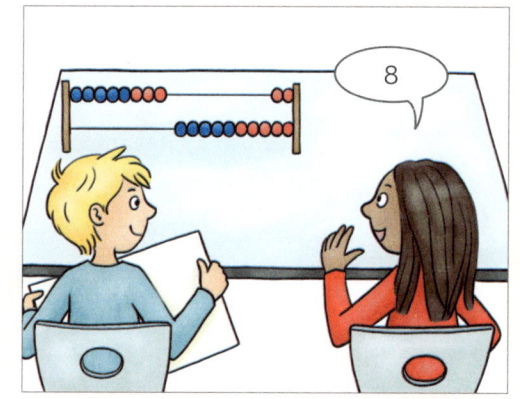

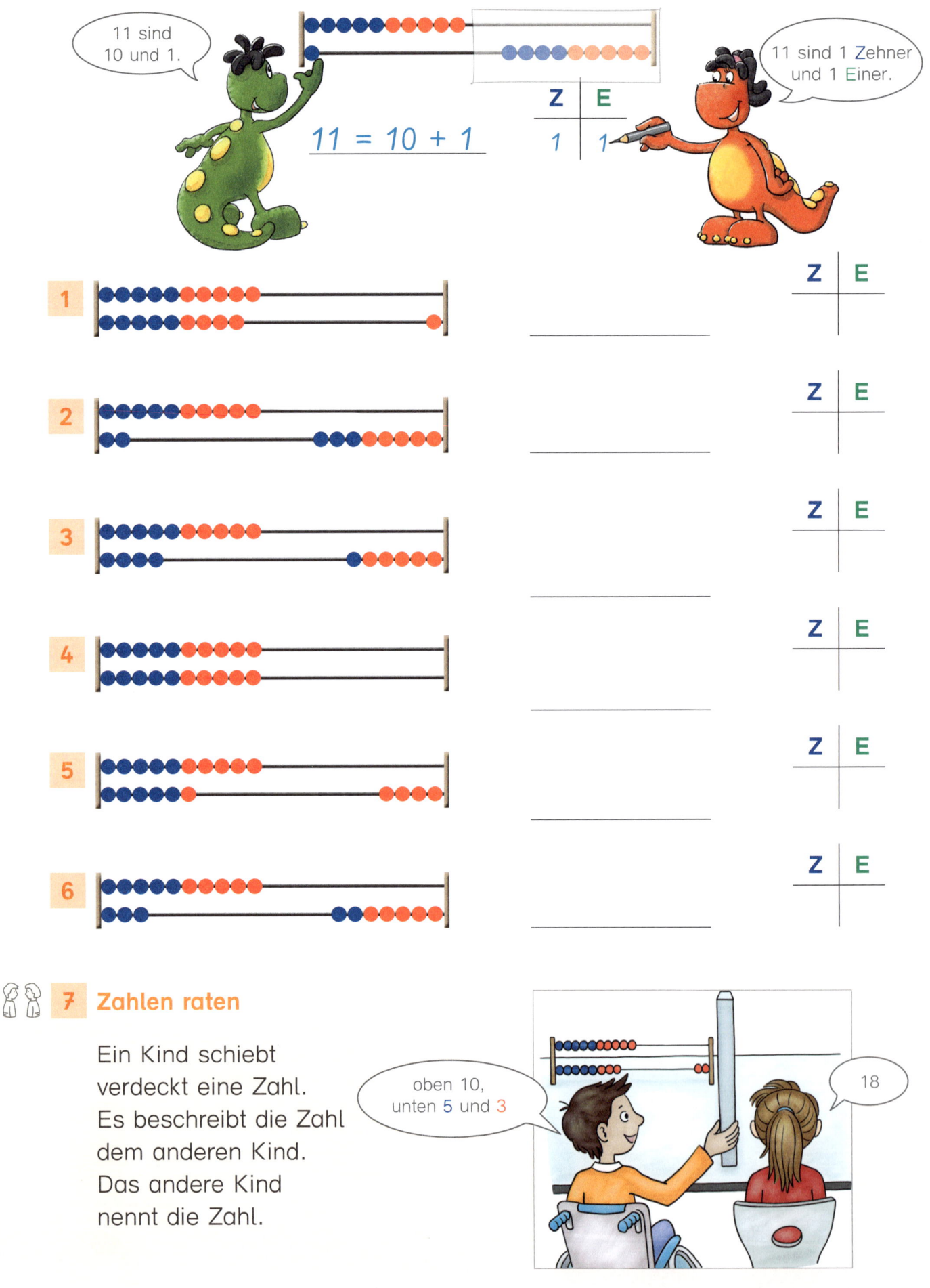

11 sind 10 und 1.

11 = 10 + 1

Z	E
1	1

11 sind 1 Zehner und 1 Einer.

1   _____ | Z | E |

2   _____ | Z | E |

3   _____ | Z | E |

4   _____ | Z | E |

5   _____ | Z | E |

6   _____ | Z | E |

7 **Zahlen raten**

Ein Kind schiebt
verdeckt eine Zahl.
Es beschreibt die Zahl
dem anderen Kind.
Das andere Kind
nennt die Zahl.

oben 10, unten 5 und 3

18

1 14 − 4 = _____

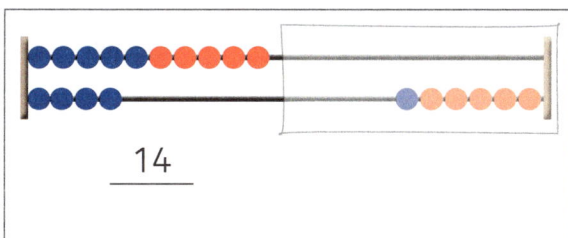

_____14_____

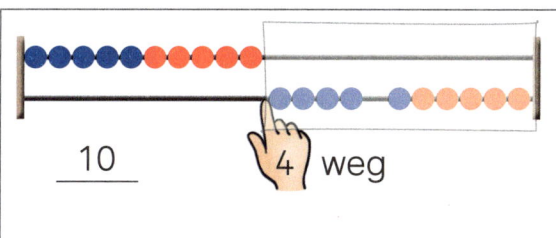

_____10_____ 4 weg

2 13 − 3 = _____   15 − 5 = _____   11 − 1 = _____

17 − 7 = _____   19 − 9 = _____   10 − 0 = _____

3 12 − _____ = 10   18 − _____ = 10   14 − _____ = 10

16 − _____ = 10   10 − _____ = 10   20 − _____ = 10

4 10 + 6 = _____

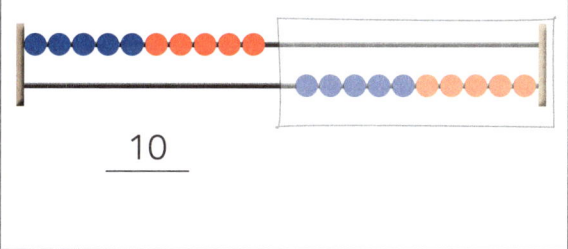

_____10_____

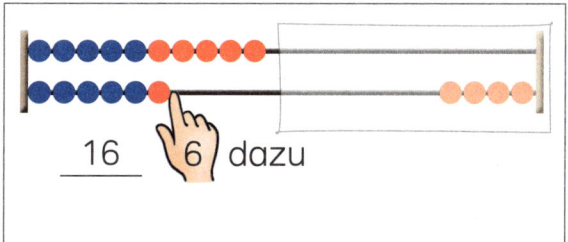

_____16_____ 6 dazu

5 10 + 2 = _____   10 + 9 = _____   10 + 8 = _____

10 + 5 = _____   10 + 1 = _____   10 + 10 = _____

6 10 + _____ = 12   10 + _____ = 14   10 + _____ = 13

10 + _____ = 17   10 + _____ = 16   10 + _____ = 10

7

Meine Aufgaben mit 10

› **1, 4** Lösungsschritte nachvollziehen und rechnen.   **2, 5** Bei Bedarf Rechenrahmen nutzen.

› **3, 6** Fehlende Zahl durch Ergänzen finden.

› **7** Eigene Aufgaben zum Rechnen mit 10 aufschreiben und rechnen.

› Nach dieser Seite empfiehlt sich Diagnosetest D10.

› **AH** Seite 52

› **FÖ** Seite 56

› **FO** Seite 35

1 — [7] — [8] — [ ] — [ ] — [ ] — 　　　— [9] — [10] — [ ] — [ ] — [ ] —

2 — [11] — [ ] — [ ] — [ ] — [15] — 　　　— [16] — [17] — [ ] — [ ] — [ ] —

3 — [ ] — [16] — [17] — [ ] — [ ] — 　　　— [ ] — [20] — [21] — [ ] — [ ] —

4

Ich stehe zwischen ____ und ____.

[ ] [9] [ ] 　 [ ] [13] [ ] 　 [ ] [17] [ ]

Vorgänger　Zahl　Nachfolger

5 — [ ] — [6] — [ ] — 　 — [ ] — [17] — [ ] — 　 — [ ] — [19] — [ ] —

V　Zahl　N　　　　V　Zahl　N　　　　V　Zahl　N

6 V	Zahl	N
	7	
	9	
	11	

7 V	Zahl	N
	10	
	14	
	13	

8 V	Zahl	N
		19
	8	
14		

9 V	Zahl	N
	6	
15		
		21

10 Ordne: 9, 2, 4, 3, 7, 6, 0

0, _____

Ordne: 15, 7, 19, 18, 8, 2

2, _____

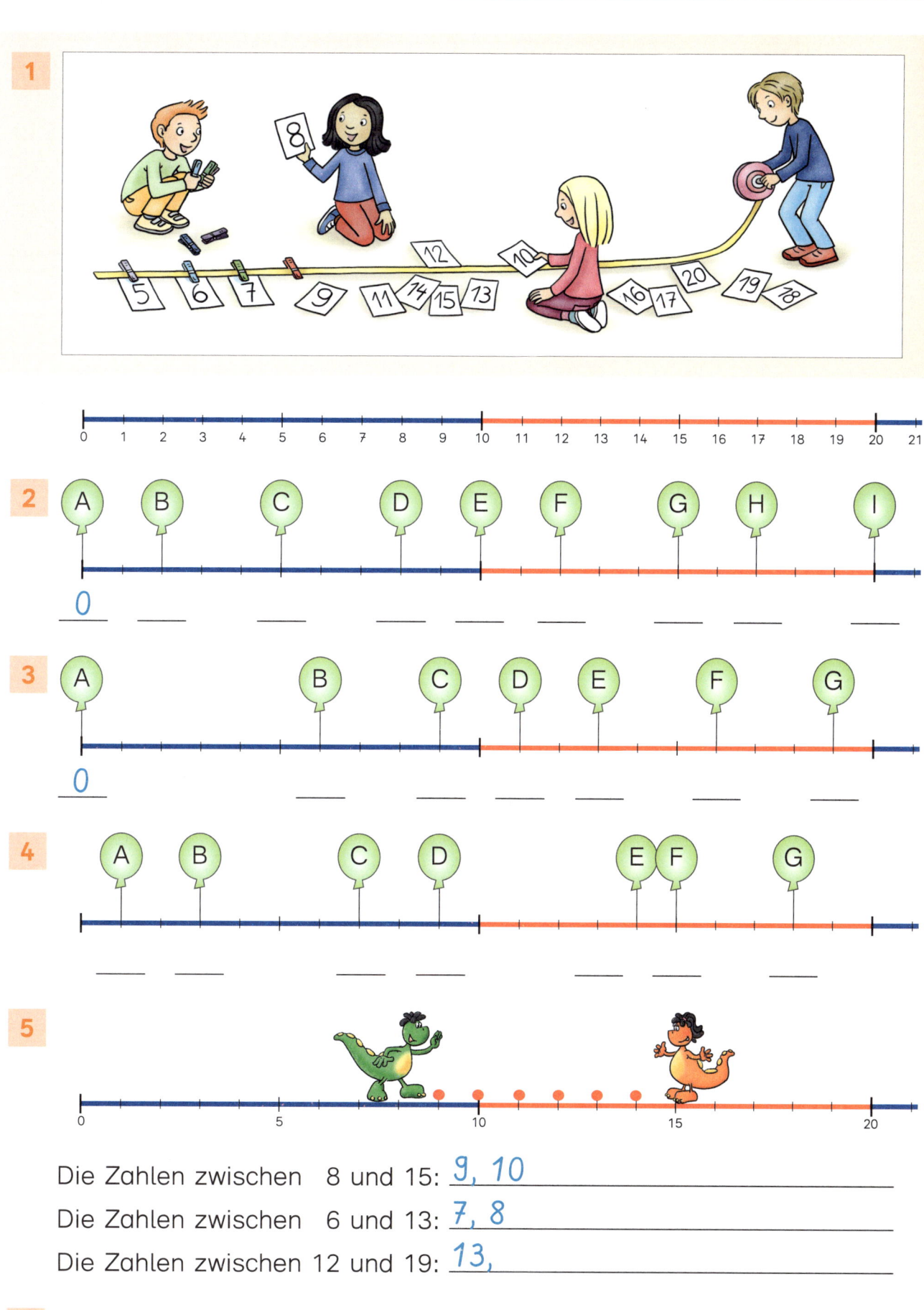

1

2

0 _____ _____ _____ _____ _____ _____ _____ _____

3

0 _____ _____ _____

4

_____ _____ _____ _____

5

Die Zahlen zwischen 8 und 15: 9, 10 _____

Die Zahlen zwischen 6 und 13: 7, 8 _____

Die Zahlen zwischen 12 und 19: 13, _____

6 Zähle vorwärts: 2, 4, 6, ...   3, 5, 7, ...   6, 9, 12, ...

Nun rückwärts: 9, 7, ...   17, 15, ...   18, 15, ...

› **1** Zahlenkarten in die richtige Reihenfolge bringen.
› **2–4** Wo stehen die Ballons? Zahlen eintragen.
› **5** Alle Zahlen zwischen ... und ... aufschreiben.
› **6** Vorwärts und rückwärts zählen.

› FÖ Seite 48

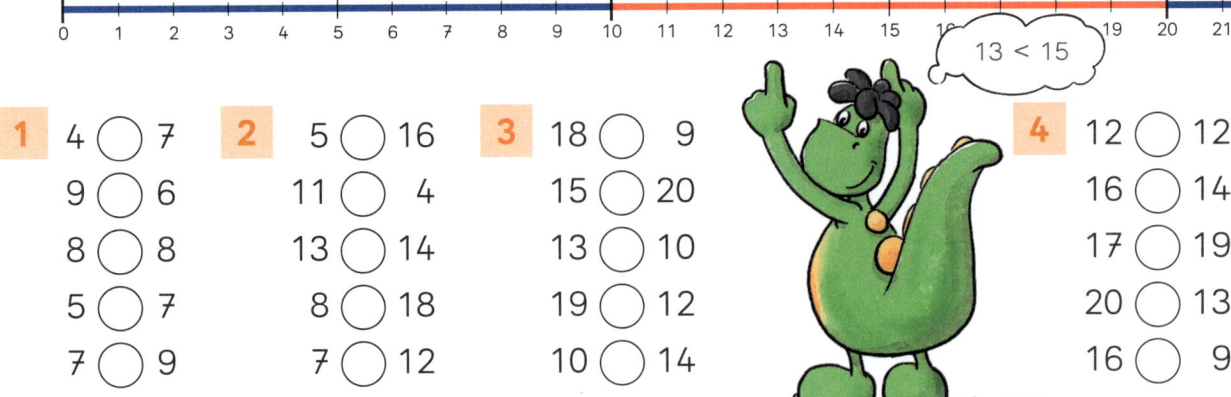

13 < 15

1 4 ◯ 7   **2** 5 ◯ 16   **3** 18 ◯ 9   **4** 12 ◯ 12
9 ◯ 6   11 ◯ 4   15 ◯ 20   16 ◯ 14
8 ◯ 8   13 ◯ 14   13 ◯ 10   17 ◯ 19
5 ◯ 7   8 ◯ 18   19 ◯ 12   20 ◯ 13
7 ◯ 9   7 ◯ 12   10 ◯ 14   16 ◯ 9

5 11 < ☐ | 15 | 10 | 19 | 9 | 12 | 21 | 3 |

7 > ☐ | 7 | 9 | 2 | 12 | 0 | 10 | 4 |

6 10 + 2 < ☐ | 8 | 16 | 10 | 13 | 19 | 12 | 21 |

10 + 7 > ☐ | 13 | 16 | 20 | 14 | 11 | 17 | 24 |

7 | 11 | 16 | 9 | 3 | 20 | 13 | 1 | ☐ < 13

| 7 | 18 | 13 | 2 | 14 | 8 | 10 | ☐ > 8

8 | 10 | 17 | 19 | 8 | 13 | 18 | 22 | ☐ < 10 + 8

| 12 | 14 | 9 | 16 | 13 | 15 | 23 | ☐ > 10 + 3

9 | 3 + 4 | 10 + 5 | 5 + 5 | 10 + 3 | 4 + 5 | ☐ > 7 + 3

| 10 + 3 | 6 + 3 | 10 + 7 | 8 + 2 | 10 + 9 | ☐ < 10 + 5

› 1–4 Zahlen am Zahlenstrahl vergleichen. <, > oder = einsetzen.
› 5–8 Passende Zahlenfelder färben.
› 9 Terme ausrechnen, vergleichen und passende färben.

› **AH** Seite 86
› **FÖ** Seite 57
› **FO** Seite 36

```
0  1  2  3  4  5  6  7  8  9  10  11  12  13  14  15  16  17  18  19  20  21
```

1

| 1 | 2 | | | 5 | | | | | |

2

| 6 | | | 9 | | | 12 | | | |

| 9 | | | 13 | | | | | | |

3

| 1 | 3 | | | | | | | | |

| 2 | 4 | | | | | | | | |

4

| 20 | 19 | | | 16 | | | |

5

| 13 | | | 10 | | | 7 | |

Springe nun rückwärts.

6

| 18 | 16 | | | | | | |

7

| 15 | 13 | | | | | | |

8

| 0 | 3 | | | | | | |

› **1–2** Zählen und fehlende Zahlen ergänzen. **3** Entsprechend springen, Zahlen eintragen.
› **4–5** Rückwärts zählen.
› **6–8** Entsprechend springen.
› Nach dieser Seite empfiehlt sich Diagnosetest D11.

› Den Spiegel auf dem Bild verschieben und dabei entdecken und versprachlichen, was der Spiegel alles kann
  (z. B. mehr/weniger machen, länger/kürzer machen, reparieren, was angefangen ist beenden, Fenster schließen, …).
› Inklusionsmaterial zum Kapitel: Heft B4.

› FO Seite 39

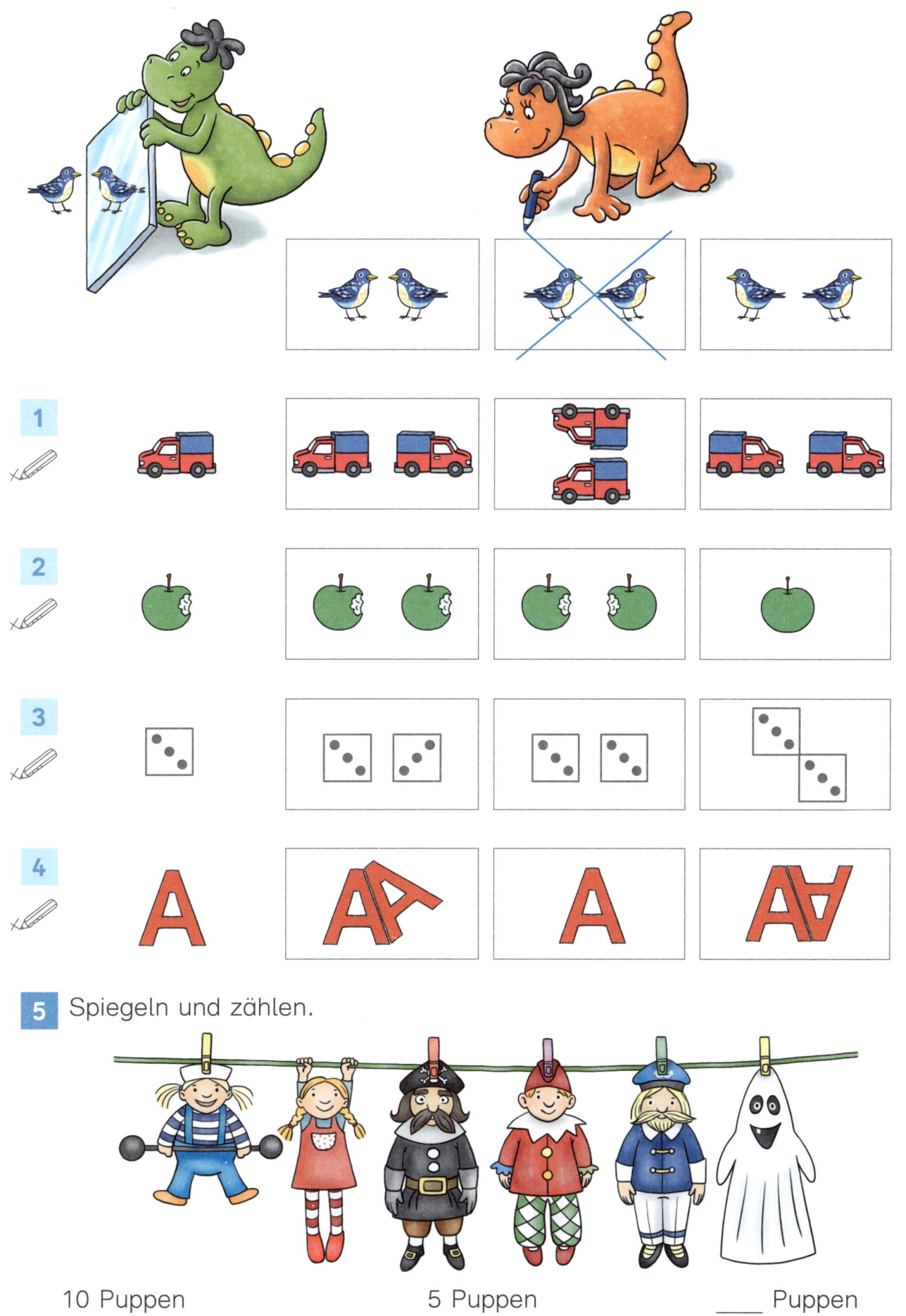

5 Spiegeln und zählen.

10 Puppen   5 Puppen   ____ Puppen

2 Puppen   11 Puppen   ____ Puppen

› **1–4** Spiegelbilder erzeugen. Falsches Bild durchstreichen.

› **5** Mit dem Spiegel probieren, bis die angegebene Anzahl zu sehen ist und eigene Anzahl finden.

› AH Seite 55

89

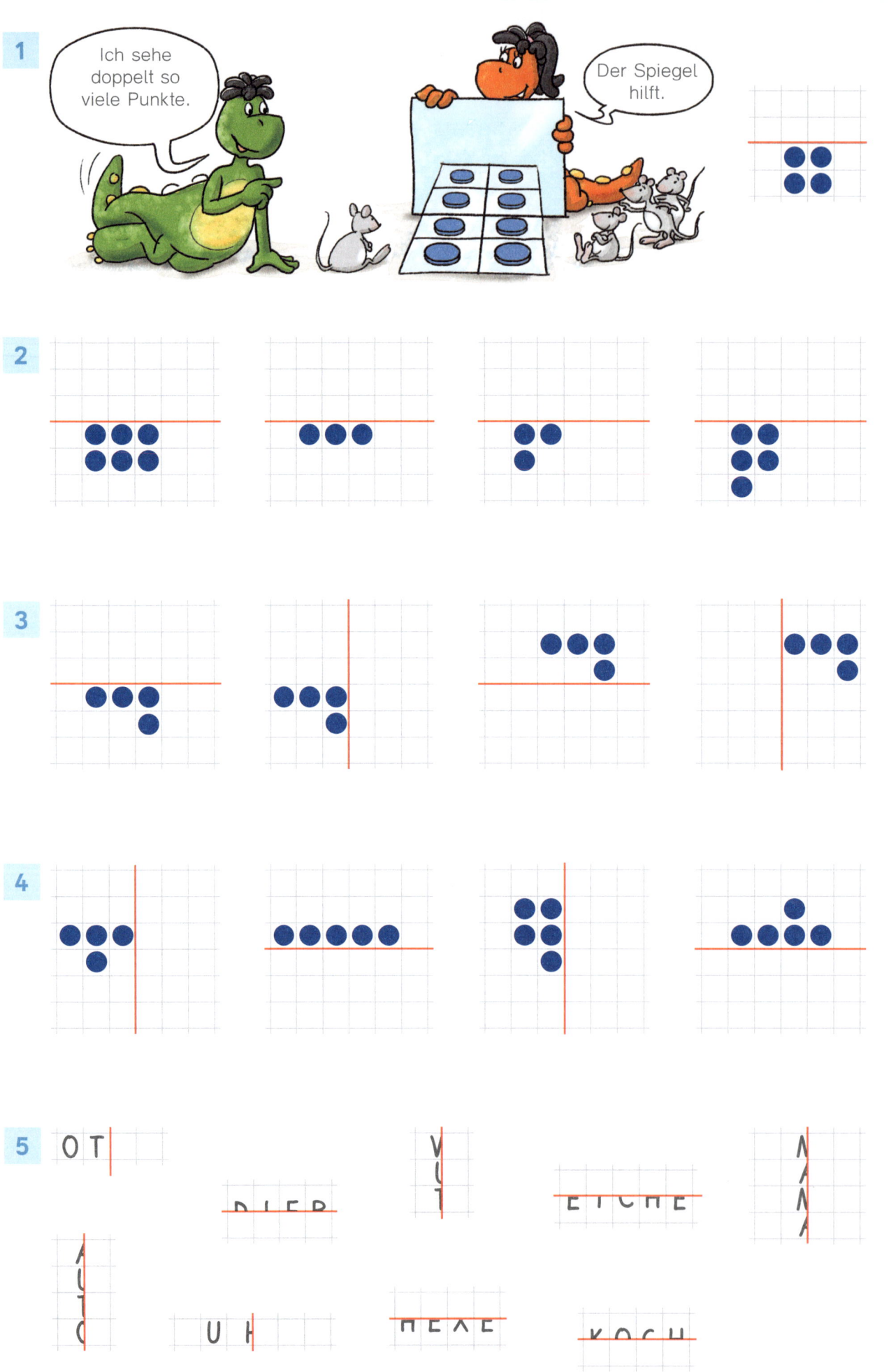

1 Ich sehe doppelt so viele Punkte.

Der Spiegel hilft.

2

3

4

5 O T   V   Λ
D I E R   E I C H E
A U T O   U H   H E X E   K O C H

› **1–4** Spiegeln und Spiegelbilder malen. Ggf. Verdopplungsaufgabe ins Heft schreiben.
› **5** Mit dem Spiegel Wörter lesen. Spiegelbilder erkennen.

› **AH** Seite 55

1

2

3

4

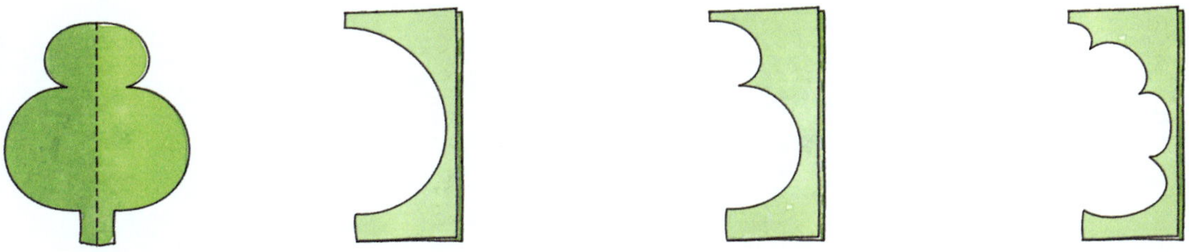

5

6

› **1** Eigene Faltschnitte herstellen.

› **2 – 4** Woraus ist der Baum entstanden? Durchstreichen, was nicht passt.

› **5** Eigene Klecksbilder herstellen.

› **6** Welche Bilder sind keine Klecksbilder? Durchstreichen.

91

Verdoppeln und Halbieren

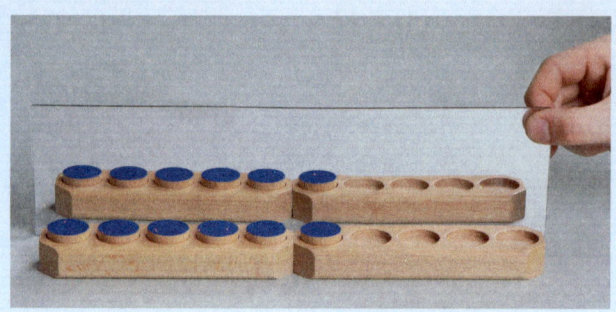

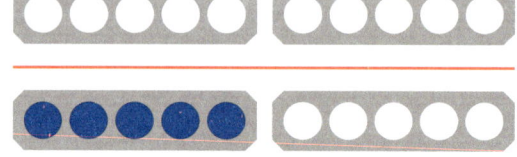

Wenn ich verdopple, erhalte ich 12.
Das Doppelte
von 6 ist 12.

$$6 + 6 = 12$$

1

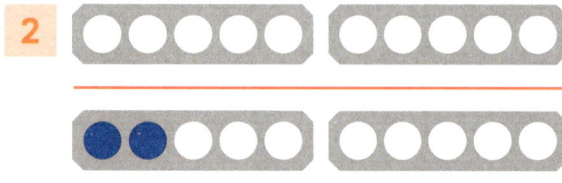

_____ + _____ = _____   _____ + _____ = _____

2

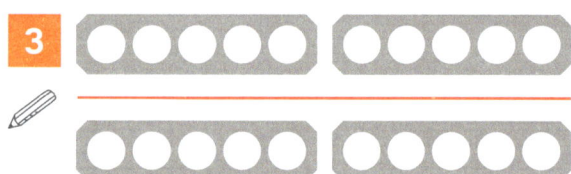

_____   _____

3

_____   _____

4

1 + 1 = _____   2 + 2 = _____   3 + 3 = _____   4 + 4 = _____

6 + 6 = _____   7 + 7 = _____   8 + 8 = _____   9 + 9 = _____

 5 **Zahlen verdoppeln**

Mischt die Zahlenkarten von 1 bis 10.
Deckt die oberste Karte auf.
Wer zuerst das Doppelte nennt,
gewinnt die Karte.

› **1 – 2** Spiegelbild malen. Aufgabe schreiben und rechnen.
› **3** Eigene Aufgaben zum Verdoppeln finden.
› **4** Additionsaufgaben lösen.

› **AH** Seite 56
› **FO** Seite 40

92

1 + 1 = _____   2 + 2 = _____   3 + 3 = _____

Die Henne legt ein Ei.   Das weiß doch jedes Tier.   So zaubert flink die Hex.

4 + 4 = _____   5 + 5 = _____   6 + 6 = _____

Die Affenbande lacht.   Die Enten finden's schön.   Da heulen alle Wölf.

7 + 7 = _____   8 + 8 = _____

Die Bären vor der Tür stehn.   Die Kühe müssen wegsehn.

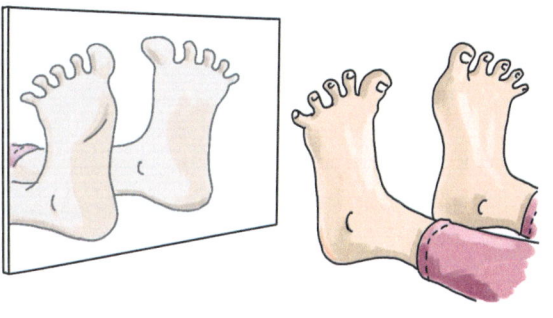

9 + 9 = _____   10 + 10 = _____,

Die Eulen können bei Nacht sehn.   sagt Tina und entspannt sich.

› Additionsaufgaben lösen.

Wenn ich 10 halbiere, erhalte ich 5.
Die Hälfte von 10 ist 5.

1

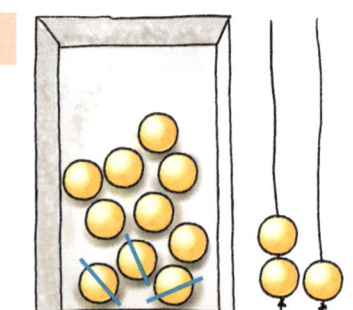

Die Hälfte von 10 ist ____.

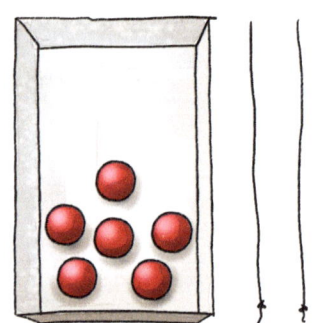

Die Hälfte von 6 ist ____.

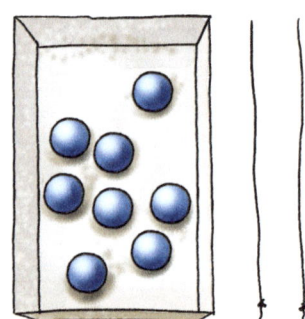

Die Hälfte von 8 ist ____.

2

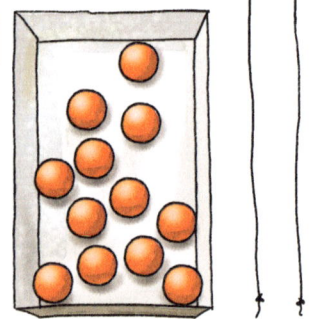

Die Hälfte von 12 ist ____.

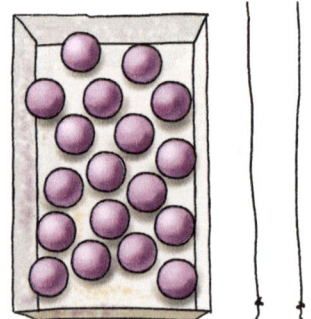

Die Hälfte von 18 ist ____.

Die Hälfte von 16 ist ____.

3

Zahl	4	6	2	10	12				
die Hälfte						4	8	10	7	9

4 Zahlenrätsel. Wie heißt die Zahl?

Meine Zahl ist die Hälfte von 8.

Die Hälfte meiner Zahl ist 6.

Wenn ich meine Zahl halbiere, erhalte ich 7.

› **1 – 2** Perlen gerecht verteilen, gemalte Perle durchstreichen. › **AH** Seite 57
› **3** Zahlen ergänzen.

94

Wir legen abwechselnd.

14

15

Beide Kinder haben gleich viele.
14 ist eine gerade Zahl.

Ein Kind hat 1 mehr.
15 ist eine ungerade Zahl.

Gerade Zahlen kann ich halbieren: 0, 2, 4, 6, 8, 10, 12, 14, 16, 18, …
Alle anderen Zahlen sind ungerade.

1 Legt abwechselnd in Rechenschiffe. Färbt passend.

| 4 | 6 | 7 | 9 | 12 | 17 | 18 | 19 | 20 |

2

| | 2 | | | 8 | 10 | | | |
| 1 | | 3 | 5 | | | 11 | 13 | |

3

V	Zahl	N
1	2	3
	10	
	14	

V	Zahl	N
	3	
	15	
	19	

V	Zahl	N

4 Was fällt euch in Aufgabe 2 und 3 auf? Beschreibt.

5 **Was – sind – wir?**

Fragt: „Was sind wir?" und
bewegt bei jedem Wort die Hand.
Bei „wir" zeigt ihr beide eine Zahl.
Wie viele Finger zeigt ihr zusammen?
Sagt, ob die Zahl gerade
oder ungerade ist.

6 ist eine gerade Zahl.

Gerade!

› **1–2** Gerade Zahlen grün, ungerade Zahlen gelb färben.
› **3** Vorgänger und Nachfolger eintragen, dann gerade Zahlen grün und ungerade Zahlen gelb färben.
› **4** Gesetzmäßigkeiten in Nr. 2 und 3 erkennen und beschreiben.
› Nach dieser Seite empfiehlt sich Diagnosetest D12.

› **AH** Seite 57
› **FÖ** Seite 58
› **FO** Seite 38

95

1

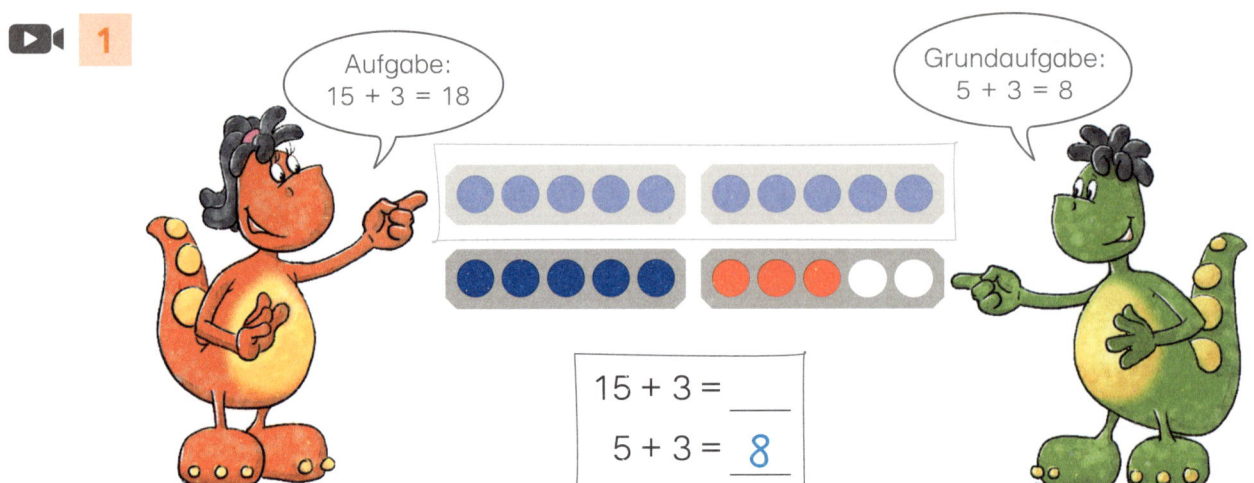

$$15 + 3 = \underline{\qquad}$$
$$5 + 3 = \underline{8}$$

2

$14 + 3 = \underline{\qquad}$	$15 + 2 = \underline{\qquad}$	$16 + 3 = \underline{\qquad}$	$14 + 4 = \underline{\qquad}$
$4 + 3 = \underline{7}$	$5 + 2 = \underline{\qquad}$	$6 + 3 = \underline{\qquad}$	$4 + 4 = \underline{\qquad}$

3

$12 + 6 = \underline{\qquad}$	$13 + 5 = \underline{\qquad}$	$11 + 8 = \underline{\qquad}$	$12 + 7 = \underline{\qquad}$
$2 + 6 = \underline{\qquad}$	$\underline{\qquad}$	$\underline{\qquad}$	$\underline{\qquad}$

4

$14 + 5 = \underline{\qquad}$	$11 + 9 = \underline{\qquad}$	$17 + 2 = \underline{\qquad}$	$16 + 2 = \underline{\qquad}$
$\underline{\qquad}$	$\underline{\qquad}$	$\underline{\qquad}$	$\underline{\qquad}$

5

$15 + 1$	$18 + 2$	$12 + 2$	$13 + 2$	$11 + 0$
$11 + 4$	$13 + 4$	$11 + 3$	$12 + 8$	$13 + 1$
$19 + 0$	$14 + 1$	$13 + 6$	$11 + 5$	$15 + 4$

6

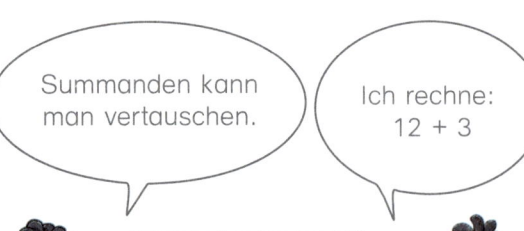

Summanden kann man vertauschen.

Ich rechne: $12 + 3$

$3 + 12 = \underline{\qquad}$

$2 + 14 = \underline{\qquad}$	$6 + 13 = \underline{\qquad}$
$14 + 2 = \underline{\qquad}$	$13 + 6 = \underline{\qquad}$
$4 + 16 = \underline{\qquad}$	$2 + 17 = \underline{\qquad}$
$16 + 4 = \underline{\qquad}$	$\underline{\qquad}$

7

$3 + 13$	$6 + 11$	$3 + 17$	$7 + 11$	$3 + 12$
$4 + 12$	$1 + 18$	$5 + 15$	$1 + 12$	$7 + 13$

› **1–4** Grundaufgabe übertragen und Aufgabe lösen.
› **5** Bei Bedarf Grundaufgabe aufschreiben oder kennzeichnen.
› **6–7** Mit Hilfe der Tauschaufgaben lösen.

› **AH** Seite 58
› **FÖ** Seite 60
› **FO** Seite 41

96

1

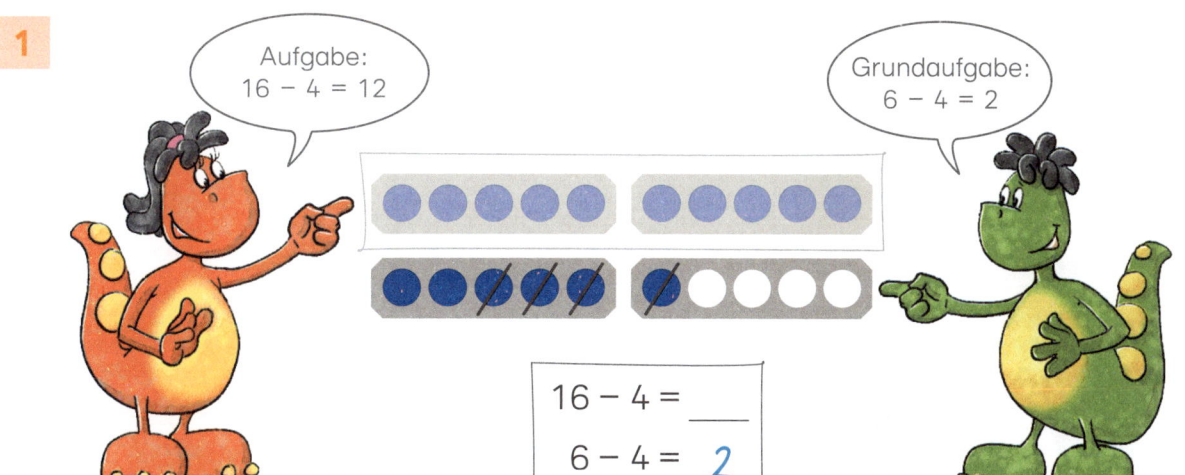

Aufgabe:
16 – 4 = 12

Grundaufgabe:
6 – 4 = 2

16 – 4 = ___
6 – 4 = _2_

2

14 – 3 = ___	16 – 3 = ___	15 – 1 = ___	17 – 2 = ___
4 – 3 = _1_	6 – 3 = ___	5 – 1 = ___	7 – 2 = ___

3

18 – 6 = ___	19 – 5 = ___	13 – 2 = ___	17 – 7 = ___
_8 – 6 =_	_____	_____	_____

4

16 – 2 = ___	20 – 4 = ___	14 – 2 = ___	19 – 7 = ___
_____	_____	_____	_____

5

13 – 1	15 – 3	19 – 8	15 – 2	16 – 6
19 – 2	17 – 5	20 – 2	19 – 9	20 – 7
18 – 7	20 – 6	16 – 5	20 – 5	17 – 4

6

–	4	6	3
17			
19			

–	5	2	4
18			
		13	

–	8	3	1
12			
			17

7

15 – ___ = 11	20 – ___ = 15	19 – ___ = 17
19 – ___ = 16	15 – ___ = 12	18 – ___ = 16
14 – ___ = 12	18 – ___ = 18	20 – ___ = 11

› **1 – 4** Grundaufgabe übertragen und Aufgabe lösen.
› **5** Bei Bedarf Grundaufgabe aufschreiben oder kennzeichnen.
› **6 – 7** Mit Hilfe der Ergänzungs- oder Umkehraufgabe lösen.

› **AH** Seite 59
› **FÖ** Seite 61
› **FO** Seite 41

97

1

2

15 + 3 = _____
18 − 3 = _____

+3
15 18
−3

19 − 5 = _____
14 + 5 = _____

−5
14 19
+5

_____ + 3 = *17*
_____ − 3 = _____

+3
_____ 17
−3

_____ − 5 = *11*
_____ + 5 = _____

−5
11 _____
+5

_____ + *4* = *16*
_____ − _____ = _____

+4
_____ 16
−__

_____ − *4* = *13*
_____ + _____ = _____

−4
13 _____
+__

3 Begründe mit der Umkehraufgabe.

18 − 6 = _*12*_ , denn   _*12*_ + 6 = _*18*_

13 − 2 = _____ , denn   _____ + ___ = _____

_____ − 5 = _*11*_ , _____ _____ + ___ = _____

11 + 6 = _____ , _____ _*18*_ − _*7*_ = _____

15 + 2 = _____ , _____ _____ − ___ = _____

_____ + *7* = _*19*_ , _____ _____ − ___ = _____

› **1** und **2** Aufgabe und Umkehraufgabe am Rechenstrich darstellen und rechnen.   › **AH** Seite 60
› **3** Rechnen und mit Umkehraufgabe begründen.

98

1

17 + 1 = _____

9 – 4 = _____

25 + 1 = _____

8 – 3 = _____

18 – 2 = _____

18 + 2 = _____

2

10 + 3 = _____

10 – 5 = _____

10 – 2 = _____

10 + 2 = _____

3

9 – 7 = _____

14 – 2 = _____

7 – 2 = _____

10 – 7 = _____

2 + 6 = _____

4

19 + 1 = _____

0 + 5 = _____

7 + 2 = _____

9 – 2 = _____

5

10 + 5 = _____

10 – 4 = _____

6 – 1 = _____

12 + 2 = _____

6

8 – 6 = _____

10 + 8 = _____

17 – 2 = _____

10 + 10 = _____

1 + 4 = _____

7

13 – 1 – 1 = _____

22 – 0 – 1 = _____

13 – 3 – 7 = _____

16 – 6 – 2 = _____

13 – 3 – 5 = _____

17 – 1 – 2 = _____

A	1
B	2
C	3
D	4
E	5
F	6
G	7
H	8
I	9
J	10
K	11
L	12
M	13
N	14
O	15
P	16
Q	17
R	18
S	19
T	20
U	21
V	22
W	23
X	24
Y	25
Z	26

› **1–7** Rechnen, zum Ergebnis im Zahlen-ABC den passenden Buchstaben suchen und Lösungswort aufschreiben.

› **AH** Seite 61
› **FÖ** Seite 59

1 Legt Aufgaben mit den Kärtchen.

2 ⊕ oder ⊖. Setze ein.

12 ◯ 5 = 17	14 ◯ 1 = 15	10 ◯ 7 = 17	10 ◯ 3 = 7
18 ◯ 3 = 15	15 ◯ 3 = 12	13 ◯ 5 = 18	10 ◯ 5 = 5
15 ◯ 4 = 19	17 ◯ 6 = 11	18 ◯ 8 = 10	18 ◯ 2 = 20
17 ◯ 2 = 15	17 ◯ 3 = 20	19 ◯ 1 = 20	19 ◯ 9 = 10

3

12 = 6 ◯ 6	13 = 17 ◯ 4	15 = 13 ◯ 2	11 = 13 ◯ 2
17 = 18 ◯ 1	16 = 12 ◯ 4	20 = 16 ◯ 4	16 = 18 ◯ 2
13 = 13 ◯ 0	14 = 19 ◯ 5	17 = 20 ◯ 3	20 = 20 ◯ 0
20 = 13 ◯ 7	18 = 12 ◯ 6	19 = 16 ◯ 3	13 = 16 ◯ 3

4

12 ◯ 3 ◯ 1 = 16	20 ◯ 4 ◯ 0 = 16	15 = 12 ◯ 2 ◯ 1
20 ◯ 4 ◯ 2 = 18	13 ◯ 7 ◯ 2 = 18	13 = 12 ◯ 7 ◯ 6
13 ◯ 5 ◯ 1 = 17	15 ◯ 0 ◯ 3 = 12	14 = 17 ◯ 6 ◯ 3
18 ◯ 2 ◯ 4 = 12	17 ◯ 1 ◯ 5 = 11	19 = 14 ◯ 2 ◯ 3

 5 Kinder haben einige Rechenzeichen falsch gelegt.
 Schreibe die Aufgaben richtig.

19 ⊕ 4 ⊜ 15	17 ⊜ 13 ⊕ 4	15 ⊕ 2 ⊕ 3 ⊜ 16
18 ⊖ 2 ⊜ 20	14 ⊜ 13 ⊖ 1	20 ⊖ 5 ⊖ 2 ⊜ 13

› **1** Gemeinsam Gleichungen finden.
› **2–4** Passende Rechenzeichen einsetzen.
› **5** Falsche Rechnungen erkennen. Richtige Rechenzeichen finden.

6

$16 - \_\_\_ = 15$	$16 + \_\_\_ = 19$	$18 - \_\_\_ = 11$
$17 - \_\_\_ = 13$	$15 + \_\_\_ = 18$	$13 + \_\_\_ = 18$
$18 - \_\_\_ = 12$	$11 + \_\_\_ = 13$	$14 - \_\_\_ = 10$
$15 - \_\_\_ = 11$	$16 + \_\_\_ = 17$	$12 + \_\_\_ = 19$

7

$\_\_\_ - 4 = 15$	$\_\_\_ + 5 = 17$	$\_\_\_ + 4 = 16$
$\_\_\_ - 7 = 13$	$\_\_\_ + 1 = 15$	$\_\_\_ - 5 = 13$
$\_\_\_ - 2 = 14$	$\_\_\_ + 7 = 18$	$\_\_\_ + 8 = 20$
$\_\_\_ - 5 = 11$	$\_\_\_ + 3 = 20$	$\_\_\_ - 6 = 12$

› **1–3** Minustrauben lösen. Nicht lösbaren Trauben mit X oder n.l. kennzeichnen.
› **4–5** Verschiedene Minustrauben finden.
› **6** Fehlende Zahl durch Ergänzen finden. **7** Mit Hilfe der Umkehraufgabe lösen.
› Nach dieser Seite empfiehlt sich Diagnosetest D13.

› FÖ Seite 59

1 15 + 3 = _____   14 + 2 = _____   **2** 11 + 5 = _____

  5 + 3 = _____   _____ + _____ = _____   13 + 7 = _____

18 − 6 = _____   17 − 4 = _____   16 − 4 = _____

  8 − 6 = _____   _____ − _____ = _____   19 − 5 = _____

3 19 − 6 = _____ , denn _____ + 6 = _____   **4** 2 + 15 = _____

_____ − 3 = 14 , denn _____ + _____ = _____   2 + 18 = _____

13 + 5 = _____ , _____ _____ − _____ = _____   3 + 12 = _____

_____ + 7 = 19 , _____ _____ − _____ = _____   4 + 14 = _____

5

Zahl	das Doppelte
5	
3	
6	
	16
	20

7 $\overline{MN}$ = _____ cm

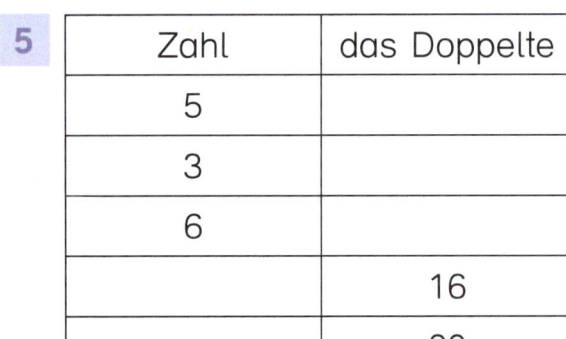

6

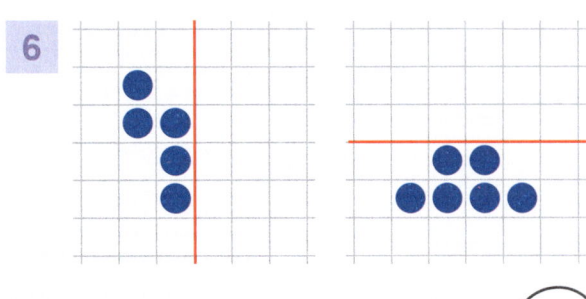

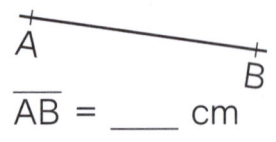

$\overline{AB}$ = _____ cm

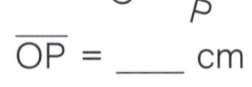

$\overline{OP}$ = _____ cm

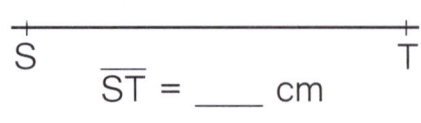

$\overline{ST}$ = _____ cm

› **1** Grundaufgabe finden, Aufgabe lösen.   **2** Bei Bedarf Grundaufgabe kennzeichnen.
› **3** Aufgabe lösen, mit Umkehraufgabe begründen.   **4** Mit Hilfe der Tauschaufgabe lösen.   **5** Aufgaben lösen.
› **6** Spiegelbilder zeichnen.   **7** Strecken messen.
› Dann Smiley zur Selbsteinschätzung anmalen.

1 Wie heißen die Formen? Verbinde. Male passend an.

| Kreis |
| Rechteck |
| Quadrat |
| Dreieck |

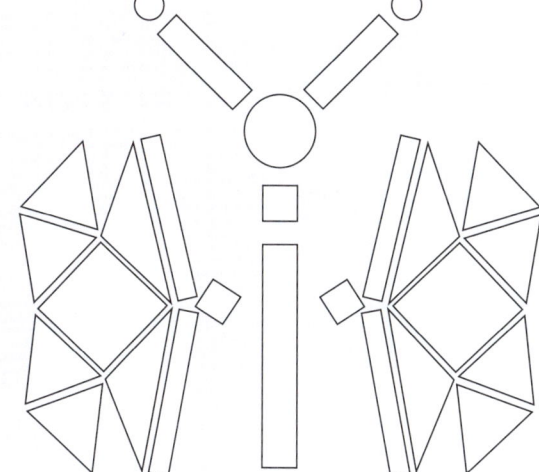

2 $<$, $>$ oder $=$. Setze ein.

18 ◯ 15   9 ◯ 7
14 ◯ 16   19 ◯ 19
13 ◯ 2   10 ◯ 11
17 ◯ 13   20 ◯ 12

3 Ergänze und setze fort.

___ + 3 = 13   ___ − 7 = 12
___ + 3 = 14   ___ − 6 = 13
___ + 3 = 15   ___ − 5 = 14
___ + ___ = ___   ___ − ___ = ___

4

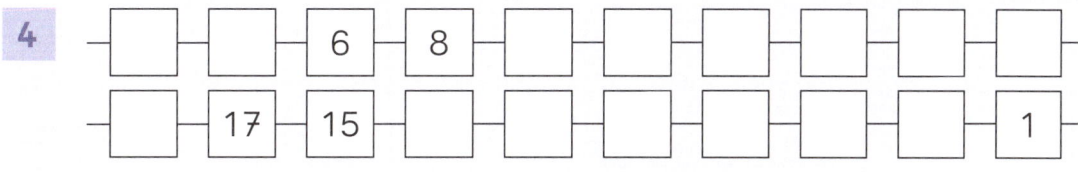

Reihe 1: ___ ___ 6 8 ___ ___ ___ ___ ___ ___
Reihe 2: ___ 17 15 ___ ___ ___ ___ ___ ___ 1

5

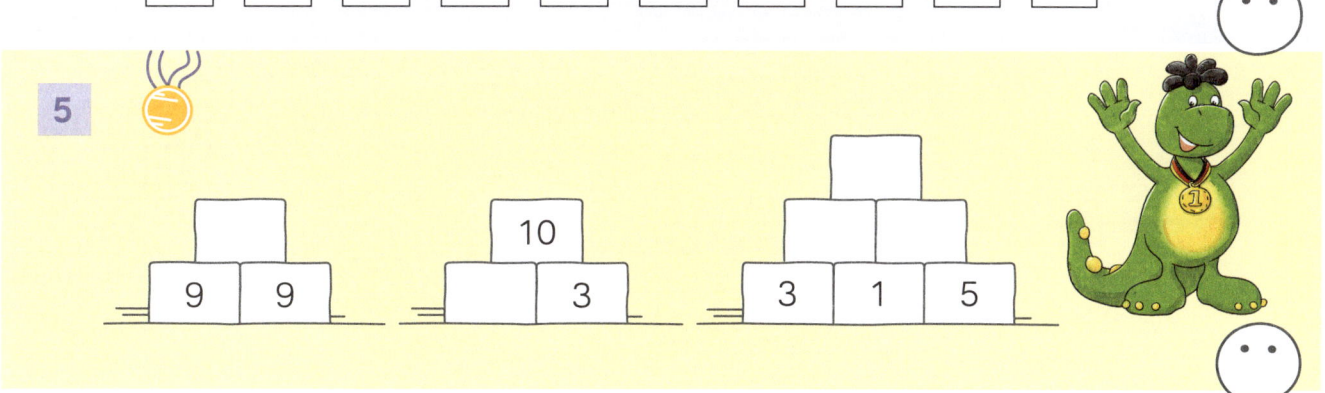

Turm 1: 9 9
Turm 2: 10 / ___ 3
Turm 3: ___ / ___ ___ / 3 1 5

› **1** Formen mit Begriffen verbinden, passend färben.   **2** Vergleichen.
› **3** Mit Hilfe der Umkehraufgabe lösen und fortsetzen.
› **4** Zahlenfolgen fortsetzen.   **5** Zahlenmauern lösen.
› Dann Smiley zur Selbsteinschätzung anmalen.

103

Geld

1 Euro
1 €

2 Euro
2 €

5 Euro
5 €

10 Euro
10 €

20 Euro
20 €

6 €   4 €   2 €   2 €   10 €

9 €   1 €   3 €   10 €   5 €

1

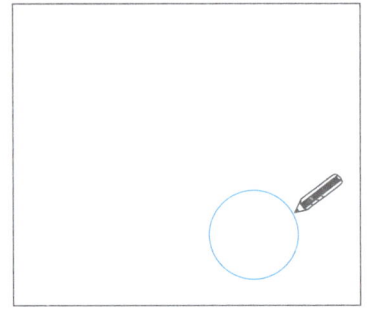 6 €

 €

2

 €   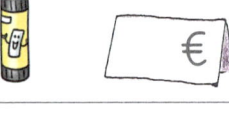 €

3

 €    €

› **1** Preis legen und zeichnen. Es gibt mehrere Möglichkeiten.
› **2–3** Preis eintragen, legen und zeichnen. Es gibt mehrere Möglichkeiten.

› **AH** Seite 62
› **FÖ** Seite 40

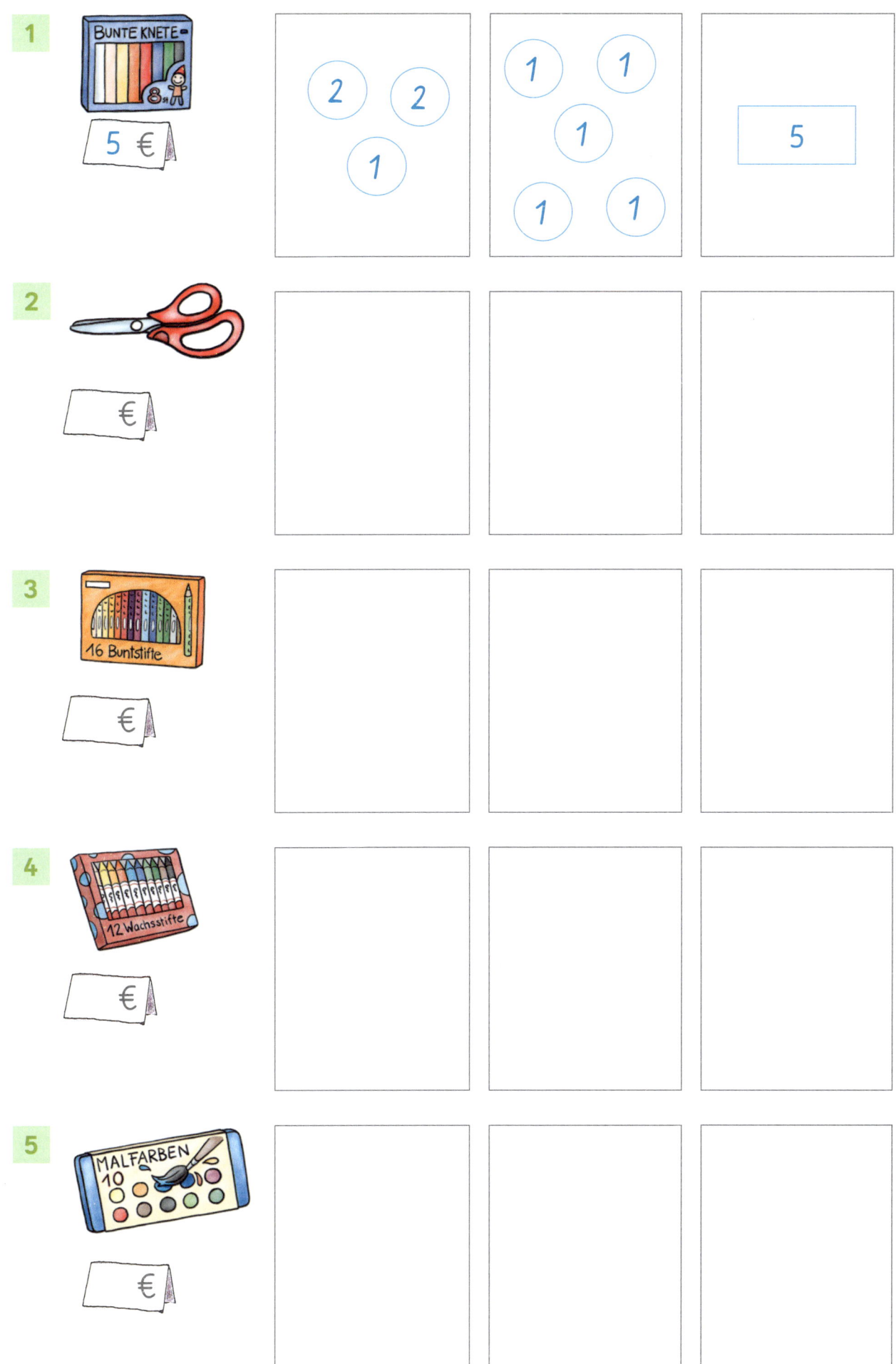

› **1** Möglichkeiten nachvollziehen.
› **2–5** Preis eintragen. Verschiedene Möglichkeiten für den Preis legen und zeichnen.

› AH Seite 63
› FÖ Seite 41
› FO Seite 22

105

8 €

<u>2</u> € zurück.

1

4 €   ____ € zurück.

2 €   ____ € zurück.

2

5 €   ____ € zurück.

3 €   ____ € zurück.

3

7 €   ____ € zurück.

6 €   ____ € zurück.

4

10 €   ____ € zurück.

4 €   ____ € zurück.

› **1–4** Nachspielen und Wechselgeld eintragen.

› **AH** Seite 64
› **FÖ** Seite 42
› **FO** Seite 23

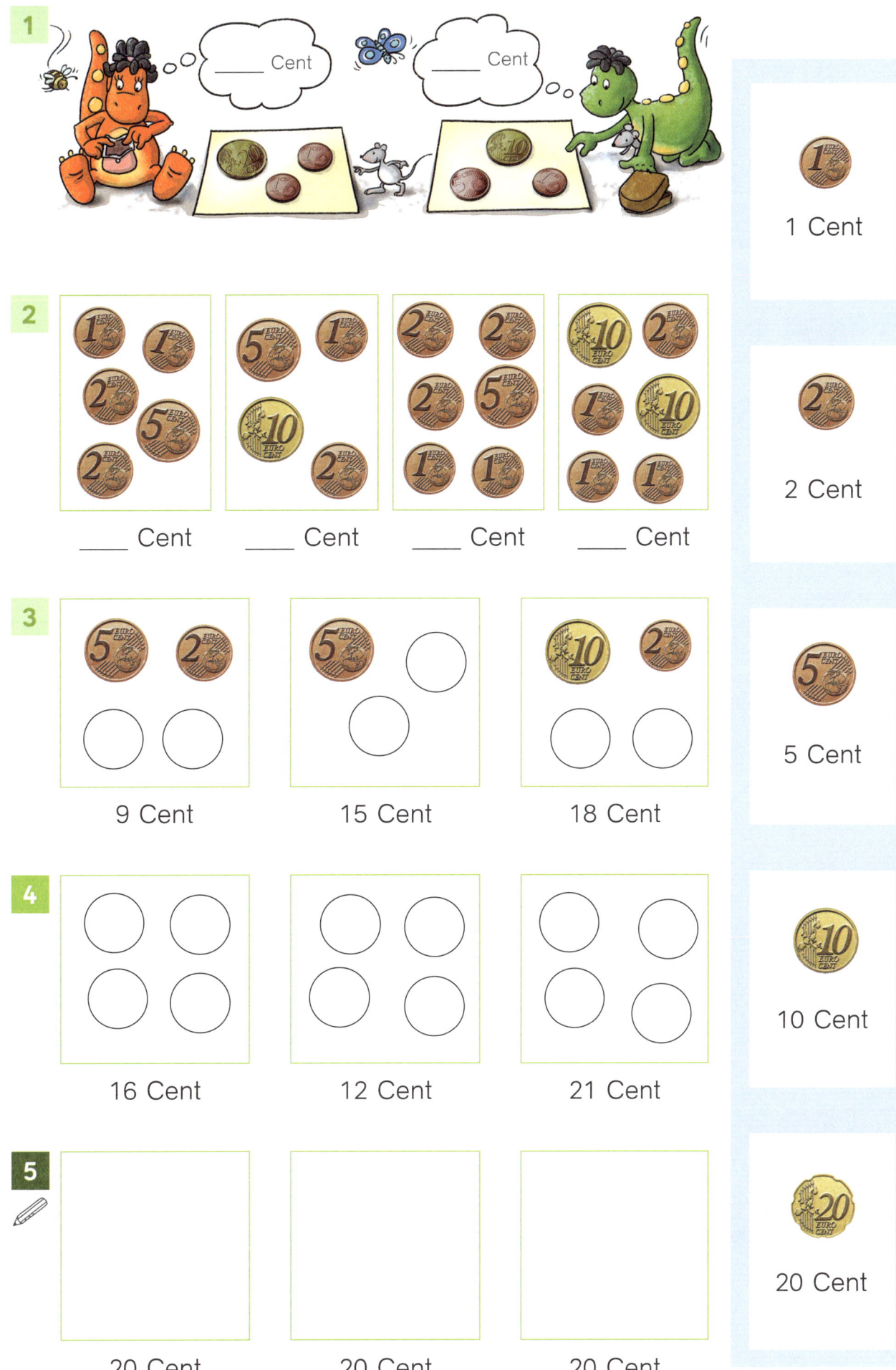

1 ____ Cent ____ Cent

2 ____ Cent ____ Cent ____ Cent ____ Cent

3 9 Cent 15 Cent 18 Cent

4 16 Cent 12 Cent 21 Cent

5 20 Cent 20 Cent 20 Cent

1 Cent

2 Cent

5 Cent

10 Cent

20 Cent

› **1–2** Münzen addieren. Ergebnis eintragen. **3–4** Münzen vervollständigen.
› **5** Verschiedene Möglichkeiten für den Betrag legen und zeichnen.
› Nach dieser Seite empfiehlt sich Diagnosetest D14.

1

$6 + 5$

$6 + 1$
$6 + 9$
$4 + 6$
$7 + 6$
$1 + 7$

Das kann ich schon	Hier brauche ich Hilfe
$6 + 1 =$	$6 + 9 =$

2

$8 + 6$

Auf zur Rechenkonferenz!

› **1** Aufgaben mit Zahlenkarten legen. Entscheiden ob die Lösung im Kopf oder mit Hilfen gelingt.
Aufgabe und Ergebnis auf den passenden Zettel schreiben.
› **2** Lösungsansätze überlegen.
› Inklusionsmaterial zum Kapitel: Heft B3

1

Leonie: 6 + 6 = 12, dann noch 2.

Lea: 7 + 7

14

Kai

8 + 6

Salim: Erst 2 dazu bis 10, dann noch 4.

Melanie: 5 + 5 = 10, dann noch 4.

---

2 5 + 7

Mein Rechenweg

3 8 + 7

Mein Rechenweg

---

4 6 + 7

6 + 7 = ____
6 + 4 = 10
10 + 3 = ____

Erst 4 dazu, dann 3 dazu.

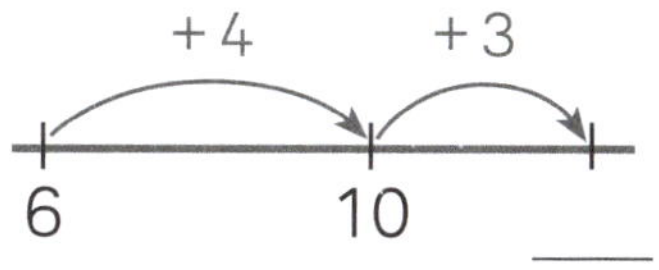

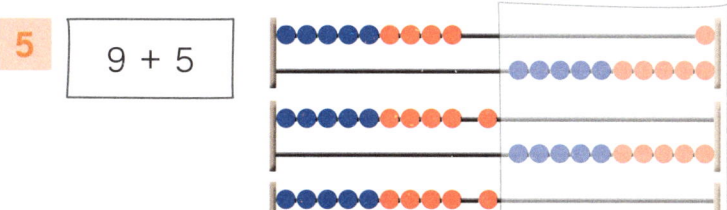

+4   +3

6   10   ____

---

5 9 + 5

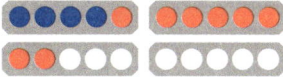

1. Ich schiebe 9.

2. Erst 1 dazu bis 10.

3. Noch ____ dazu.

---

6 4 + 8

Erst 6 dazu,
dann ____ dazu.

› **1** Rechenkonferenz: Über Lösungswege sprechen.
› **2–3** Eigenen Lösungsweg aufschreiben.
› **4–6** Aufgaben schrittweise lösen.

1 8 + 5 = _____

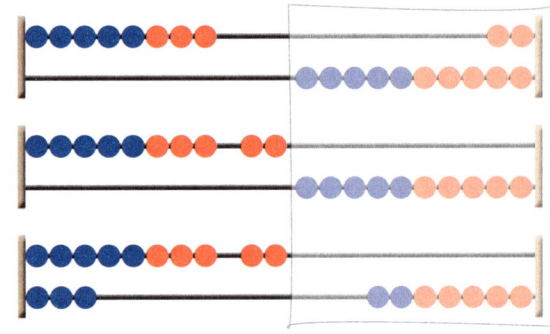

Ich schiebe 8.

Erst __2__ dazu bis 10.

Noch __3__ dazu.
Summe 13.

8 + | 5 | = _____
8 + | 2 | = 10
10 + | 3 | = _____

2 9 + 7 = _____

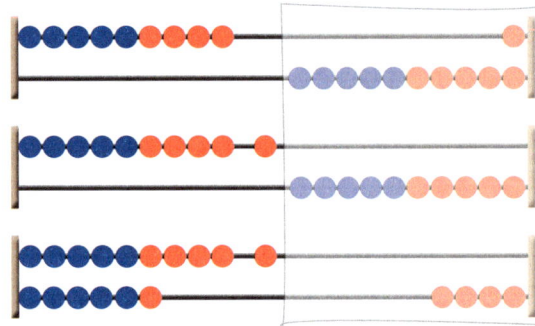

Ich schiebe 9.

Erst ____ dazu bis 10.

Noch ____ dazu.

9 + | 7 | = _____
9 + | | = 10
10 + | | = _____

3 7 + 6 = _____

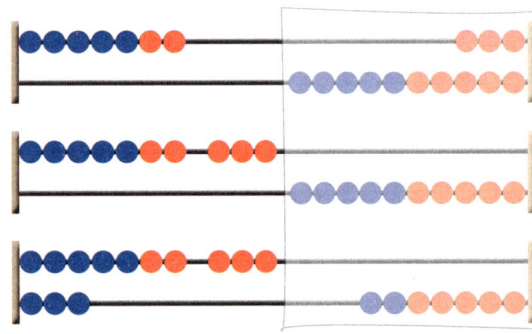

7 + | 6 | = _____

7 + ____ = _____

10 + ____ = _____

6

0 + 6

1 + 5

2 + 4

3 + 3

4 + 2

5 + 1

6 + 0

4 5 + 6 = _____

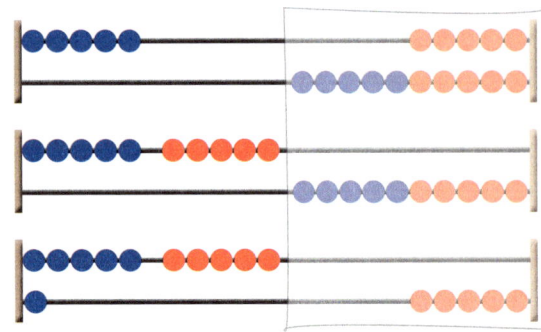

5 + 6 = _____

5 + ____ = _____

____ + ____ = _____

> **3–4** Immer 6 addieren. Die passende Zerlegung nutzen und einkreisen.

> AH Seite 65
> FÖ Seite 62

1

9 + [4] = _____
9 + [ ] = 10
10 + [ ] = 13

7 + [4] = _____
7 + [ ] = 10
10 + [ ] = _____

8 + [4] = _____
8 + [ ] = _____
10 + [ ] = _____

4

2

6 + [5] = _____
6 + [ ] = _____
_____ + [ ] = _____

9 + [5] = _____
_____ + [ ] = _____
_____ + [ ] = _____

7 + [5] = _____
_____ + [ ] = _____
_____ + [ ] = _____

5

3

4 + [8] = _____
_____ + _____ = _____
_____ + _____ = _____

7 + 8 = _____
_____ + _____ = _____
_____ + _____ = _____

3 + 8 = _____
_____ + _____ = _____
_____ + _____ = _____

8

4

6 + 9 = _____
_____ + _____ = _____
_____ + _____ = _____

9 + 8 = _____
_____ + _____ = _____
_____ + _____ = _____

7 + 7 = _____
_____ + _____ = _____
_____ + _____ = _____

5

7 + 9 = _____   6 + 6 = _____   5 + 7 = _____   8 + 7 = _____
4 + 9 = _____   8 + 3 = _____   6 + 8 = _____   3 + 9 = _____

6

9 + 2 = _____   5 + 9 = _____   6 + 7 = _____   9 + 3 = _____
8 + 9 = _____   8 + 6 = _____   9 + 9 = _____   8 + 8 = _____

7 Rechenrahmen-Diktat verdeckt (+)

Der Rechenrahmen ist verdeckt.
Ein Kind zieht eine Karte
mit einer Additionsaufgabe.
Es sagt, wie das andere Kind
schieben soll.
Das andere Kind schiebt und
nennt Aufgabe und Summe.

Schiebe 8.
Erst 2 dazu ...

8+3

› **1–2** Passende Zerlegung nutzen.
› **3–4** Passende Zerlegung nutzen und einkreisen.
› **5–6** Ggf. Zwischenschritte im Kopf lösen.

› **AH** Seite 66
› **FÖ** Seite 63–64

111

1

8 + 5

$$8 + 5 = 12$$
$$8 + 2 = 10$$
$$10 + 3 = 13$$

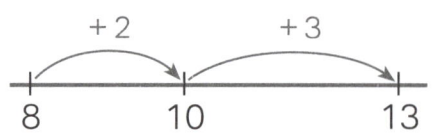

2

8 + 4	5 + 7	7 + 4	6 + 8	9 + 9
8 + 7	5 + 9	7 + 7	6 + 6	9 + 3
8 + 8	5 + 6	7 + 6	6 + 9	9 + 7

11   11   12   12   12   12   13   14   14   14   15   15   16   16   17   18

3

4 + 9	8 + 3	3 + 9
4 + 7	8 + 6	3 + 8
4 + 8	8 + 9	3 + 10

11   11   11   12   12   13   13   14   17   18

> Nutze die grauen Lösungszahlen. Eine Geisterzahl bleibt übrig.

4

5 + 8	7 + 8	9 + 5
6 + 5	9 + 6	7 + 5
9 + 4	6 + 7	9 + 8

11   12   13   13   13   14   15   15   16   17

5

+	5	8	4
7			
8			

+	7	6	9
6			
4			

+	6		8
			13
7		14	

6

$$6) \quad 8 + 3 = 11$$
$$4 +$$

Addiere die Zahlen 8 und 3.

Bilde die Summe aus den Zahlen 9 und 7.

Die Summanden sind 4 und 9. Nenne die Summe.

Addiere die Zahlen 7 und 4.

Berechne die Summe aus den Zahlen 3 und 9.

Addiere die Zahlen 5 und 6.

Die Summanden sind 6 und 8. Bilde die Summe.

› **2–5** Schreibweise wählen oder vorstellend lösen. Hilfe: Mit Plättchen auf der Beilage legen, Rechenrahmen oder andere Hilfsmittel nutzen.
› **6** Aufgaben im Heft notieren und lösen.

› **FÖ** Seite 65
› **FO** Seite 44

112

Ich addiere 11 und 7.

Im Deckstein ist die Summe. 18

```
   [ 18 ]

   [ 11 ][ 7 ]
[ 5 ][ 6 ][ 1 ]
```

1

```
      [   ]
   [   ][   ]
[ 8 ][ 4 ][ 1 ]
```

```
      [   ]
   [   ][   ]
[ 5 ][ 4 ][ 3 ]
```

```
      [   ]
   [   ][   ]
[ 0 ][ 4 ][ 7 ]
```

2

```
      [   ]
   [   ][   ]
[ 8 ][ 3 ][ 2 ]
```

```
      [   ]
   [   ][   ]
[ 2 ][ 3 ][ 5 ]
```

```
      [   ]
   [   ][   ]
[ 0 ][ 7 ][ 5 ]
```

3

```
      [   ]
   [   ][ 9 ]
[ 0 ][ 6 ][   ]
```

```
      [   ]
   [   ][ 11 ]
[ 1 ][ 7 ][   ]
```

```
      [   ]
   [   ][ 12 ]
[ 1 ][ 3 ][   ]
```

4

```
      [   ]
   [ 11 ][   ]
[ 3 ][   ][ 1 ]
```

```
      [   ]
   [ 12 ][   ]
[ 9 ][   ][ 2 ]
```

```
      [   ]
   [ 13 ][   ]
[ 7 ][   ][ 0 ]
```

5

```
   [ 18 ]
   [   ][   ]
[   ][   ][   ]
```

```
   [ 18 ]
   [   ][   ]
[   ][   ][   ]
```

```
   [ 18 ]
   [   ][   ]
[   ][   ][   ]
```

› **Zahlenmauern:** Zwei benachbarte Zahlen addieren. Das Ergebnis in die Mitte darüber schreiben.
› **5** Zahlenmauern mit dem Deckstein 18 finden. Es gibt verschiedene Lösungen.
› Nach dieser Seite empfiehlt sich Diagnosetest D15.

› **AH** Seite 67
› **FÖ** Seite 66
› **FO** Seite 45

113

1

15 – 9
15 – 2
15 – 4
15 – 7
15 – 3

Das kann ich schon	Hier brauche ich Hilfe
15 – 2 =	*15 – 9 =*

2   14 – 8

Auf zur Rechenkonferenz!

› **1** Aufgaben mit Zahlenkarten legen. Entscheiden ob die Lösung im Kopf oder mit Hilfen gelingt.
Aufgabe und Ergebnis auf den passenden Zettel schreiben.
› **2** Lösungsansätze überlegen.

1

Inga

(6)

Kira

Erst 4 weg bis 10, dann noch …

$14 - 8$

Ich halbiere 14 und … Max

Ich habe auch noch eine Idee!

Jens

2 $15 - 7$

Mein Rechenweg

3 $12 - 6$

Mein Rechenweg

4 $13 - 5$

$13 - 5 =$ _____
$13 - 3 = 10$
$10 - 2 =$ _____

Erst 3 weg, dann 2 weg.

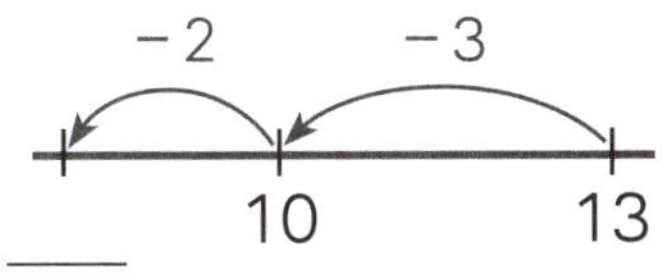

-2 -3

_____   10   13

5 $12 - 7$

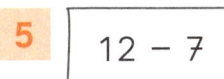

1. Ich schiebe 12.

2. Erst 2 weg bis 10.

3. Noch ____ weg.

6 $16 - 7$

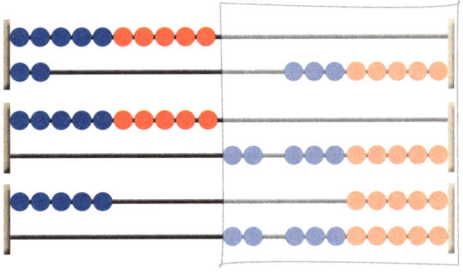

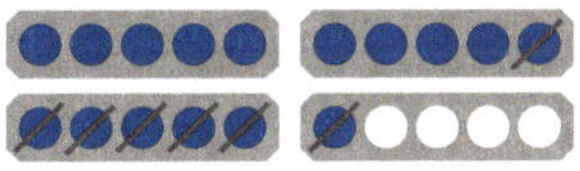

Erst 6 weg, dann ____ weg.

> 1 Rechenkonferenz: Über Lösungswege sprechen.
> 2–3 Eigenen Lösungsweg aufschreiben.
> 4–6 Aufgaben schrittweise lösen.

1 13 – 8 = _____

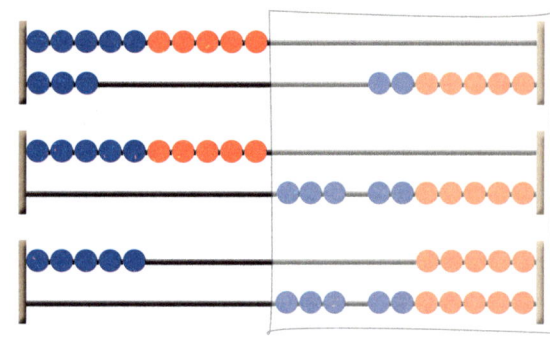

Ich schiebe 13.

Erst _3_ weg bis 10.

Noch _5_ weg.
Differenz 5.

$$13 - \boxed{8} =$$
$$13 - \boxed{3} = 10$$
$$10 - \boxed{5} = \_\_\_$$

2 11 – 6 = _____

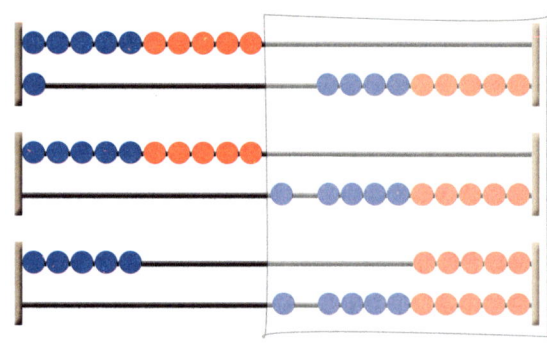

Ich schiebe 11.

Erst _1_ weg bis 10.

Noch ___ weg.

$$11 - \boxed{6} =$$
$$11 - \_\_ = 10$$
$$10 - \_\_ = \_\_\_$$

3 15 – 7 = _____

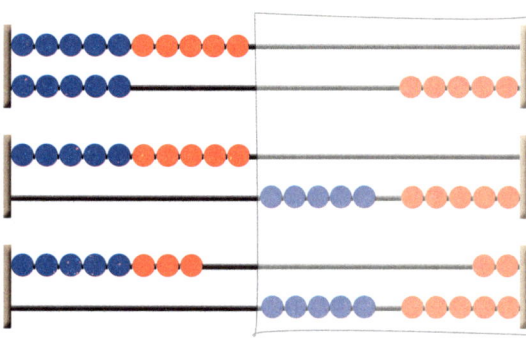

15 – ⌒7⌒ = _____

15 – ____ = ____

10 – ____ = ____

7

0 + 7
1 + 6
2 + 5
3 + 4
4 + 3
5 + 2
6 + 1
7 + 0

4 13 – 7 = _____

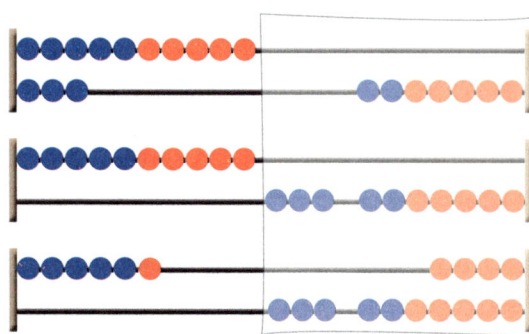

13 – 7 = _____

13 – ____ = ____

____ – ____ = ____

› **3–4** Immer 7 subtrahieren. Die passende Zerlegung nutzen und einkreisen.

› **AH** Seite 68
› **FÖ** Seite 67–69

1

13 − [4] = _____
13 − [ ] = 10
10 − [ ] = 9

11 − [4] = _____
11 − [ ] = 10
10 − [ ] = _____

12 − [4] = _____
12 − [ ] = _____
10 − [ ] = _____

2

12 − [6] = _____
_____ − [ ] = _____
_____ − [ ] = _____

15 − [6] = _____
_____ − [ ] = _____
_____ − [ ] = _____

13 − [6] = _____
_____ − [ ] = _____
_____ − [ ] = _____

3

12 − 7 = _____
_____ − _____ = _____
_____ − _____ = _____

11 − 7 = _____
_____ − _____ = _____
_____ − _____ = _____

16 − 7 = _____
_____ − _____ = _____
_____ − _____ = _____

4

14 − 5 = _____
_____ − _____ = _____
_____ − _____ = _____

12 − 8 = _____
_____ − _____ = _____
_____ − _____ = _____

17 − 9 = _____
_____ − _____ = _____
_____ − _____ = _____

5

12 − 5 = _____
13 − 5 = _____

16 − 8 = _____
17 − 8 = _____

13 − 9 = _____
11 − 5 = _____

14 − 9 = _____
11 − 3 = _____

6

11 − 8 = _____
16 − 9 = _____

15 − 9 = _____
12 − 9 = _____

14 − 6 = _____
11 − 9 = _____

15 − 8 = _____
12 − 3 = _____

7 **Rechenrahmen-Diktat verdeckt (−)**

Der Rechenrahmen ist verdeckt.
Ein Kind zieht eine Karte
mit einer Subtraktionsaufgabe.
Es sagt, wie das andere Kind
schieben soll.
Das andere Kind schiebt und
nennt Aufgabe und Differenz.

Schiebe 16.
Erst 6 weg …

› **1–2** Passende Zerlegung nutzen.
› **3–4** Passende Zerlegung nutzen und einkreisen.
› **5–6** Ggf. Zwischenschritte im Kopf lösen.

› **AH** Seite 69
› **FÖ** Seite 70
› **FO** Seite 46

117

1 | 14 − 6 |

$$14 - 6 = 8$$
$$14 - 4 = 10$$
$$10 - 2 = 8$$

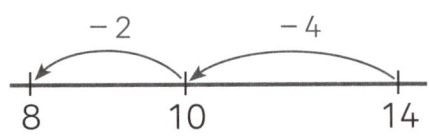

2

12 − 8	14 − 4	16 − 7	11 − 7	13 − 9
12 − 5	14 − 9	16 − 9	11 − 3	13 − 3
12 − 4	14 − 5	16 − 4	11 − 6	13 − 7

4   4   4   5   5   6   7   7   8   8   9   9   10   10   11   12

3

11 − 9	13 − 6	15 − 9	17 − 7	11 − 8
17 − 9	14 − 7	14 − 8	16 − 8	12 − 6
18 − 9	15 − 5	16 − 6	15 − 7	14 − 3

2   3   6   6   6   7   7   8   8   8   9   9   10   10   10   11

4

13 − 8	15 − 6	11 − 4	12 − 9	11 − 5
15 − 8	12 − 2	17 − 8	18 − 8	12 − 3
11 − 1	13 − 5	13 − 4	11 − 2	12 − 7

3   4   5   5   6   7   7   8   9   9   9   9   10   10   10

5

−	4	6	9
14			
16			

−	9	3	7
11			
15			

−	7	8	
	10		
13			4

6

6) $12 - 4 = 8$
$11 -$

Subtrahiere die Zahlen 12 und 4.

Berechne die Differenz aus den Zahlen 11 und 5.

Der Minuend ist 18, der Subtrahend ist 9. Nenne die Differenz.

Subtrahiere die Zahlen 14 und 6.

Bilde die Differenz aus den Zahlen 15 und 7.

Subtrahiere die Zahlen 13 und 8.

Der Minuend ist 17. Der Subtrahend ist 9. Nenne die Differenz.

› **2–5** Schreibweise wählen oder vorstellend lösen. Hilfe: Mit Plättchen auf der Beilage legen. Rechenrahmen oder andere Hilfsmittel nutzen.

118

› **6** Aufgaben im Heft notieren und lösen.

Subtrahiere 14 und 5.
Die Differenz ist 9.

Dann 5 – 1.
Ergebnis 4.
Jetzt noch 9 – 4.

14 5 1
9 4
5

1

17 8 2

15 7 4

16 9 3

18 9 5

2

14 5 3

13 8 6

16 4 8

12 7 2

3

Ich rechne
15 – __ = 9

15   2
9

17   3
8

16   0
8

4

8 3
5

2 2
9

9 7
7

9 4
3

› **Minustrauben:** Benachbarte Zahlen von links nach rechts subtrahieren. Das Ergebnis in die Mitte darunter schreiben.
   Nicht lösbare Traubenfelder mit X kennzeichnen. Bei nicht lösbaren Trauben ist auch der Eintrag n.l. möglich.
› Nach dieser Seite empfiehlt sich Diagnosetest D16.

› **AH** Seite 70
› **FÖ** Seite 71
› **FO** Seite 47

1

Ich rechne mit 10.
Das ist leicht.

Dann 1 weniger.

$9 + 6 = $ _____
$10 + 6 = 16$
$16 - 1 = $ _____

2 $7 + 9 = $ _____

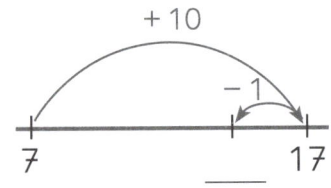

$+ 10$
$- 1$
7 _____ 17

$7 + 9 = $ _____
$7 + 10 = $ _____
_____ $- 1 = $ _____

3

$9 + 4$	$9 + 5$	$8 + 9$	$9 + 9$	$9 + 7$
$3 + 9$	$9 + 2$	$4 + 9$	$2 + 9$	$12 + 9$
$5 + 9$	$6 + 9$	$9 + 3$	$9 + 8$	$15 + 9$

11   11   12   12   13   13   14   14   15   15   16   17   17   18   21   24

4

Ich rechne mit 10.
Das ist leicht.

Dann 1 mehr.

$16 - 9 = $ _____
$16 - 10 = 6$
$6 + 1 = $ _____

5 $14 - 9 = $ _____

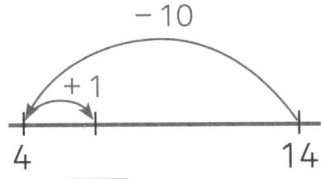

$- 10$
$+ 1$
4 _____ 14

$14 - 9 = $ _____
$14 - 10 = $ _____
_____ $+ 1 = $ _____

6

$11 - 9$	$15 - 9$	$19 - 9$	$18 - 9$	$21 - 9$
$20 - 9$	$17 - 9$	$13 - 9$	$12 - 9$	$23 - 9$

2   3   4   6   7   8   9   10   11   12   14

› **1, 2, 4, 5** Aufgaben schrittweise lösen.
› **3, 6** Aufgabe im Heft lösen. Strategie und Schreibweise wählen.

› **AH** Seite 71
› **FO** Seite 48–49

Zehnerfreunde addieren

Wo ist die 10?

1 $\underline{8} + \underline{2} + 6 = \underline{\;16\;}$ $4 + 6 + 3 = \underline{\;\;\;\;}$

$7 + 3 + 9 = \underline{\;\;\;\;}$ $9 + 1 + 2 = \underline{\;\;\;\;}$

$5 + 5 + 8 = \underline{\;\;\;\;}$ $3 + 7 + 4 = \underline{\;\;\;\;}$

  12   13   14   ~~16~~   17   18   19

2 $7 + \underline{6} + \underline{4} = \underline{\;17\;}$ $8 + 7 + 3 = \underline{\;\;\;\;}$

$5 + 8 + 2 = \underline{\;\;\;\;}$ $5 + 6 + 4 = \underline{\;\;\;\;}$

$9 + 7 + 3 = \underline{\;\;\;\;}$ $4 + 5 + 5 = \underline{\;\;\;\;}$

  14   15   15   16   ~~17~~   18   19

3 $\underline{3} + 8 + \underline{7} = \underline{\;18\;}$ $6 + 9 + 4 = \underline{\;\;\;\;}$ $5 + 2 + 8 = \underline{\;\;\;\;}$

$4 + 8 + 6 = \underline{\;\;\;\;}$ $8 + 4 + 2 = \underline{\;\;\;\;}$ $1 + 9 + 3 = \underline{\;\;\;\;}$

  12   13   14   15   ~~18~~   18   19

Zehnerfreunde subtrahieren

4 $\underline{16} - \underline{6} - 3 = \underline{\;7\;}$ $\underline{12} - 5 - \underline{2} = \underline{\;\;\;}$ $16 - 8 - 6 = \underline{\;\;\;}$

$14 - 4 - 7 = \underline{\;\;\;}$ $11 - 8 - 1 = \underline{\;\;\;}$ $14 - 9 - 4 = \underline{\;\;\;}$

$17 - 7 - 5 = \underline{\;\;\;}$ $13 - 6 - 3 = \underline{\;\;\;}$ $17 - 4 - 7 = \underline{\;\;\;}$

 1   1   2   2   3   4   5   5   6   ~~7~~

5 $15 - \underline{4} - \underline{6} = \underline{\;5\;}$ $13 - 6 - 4 = \underline{\;\;\;}$

Hier ist die 10.

$12 - 3 - 7 = \underline{\;\;\;}$ $12 - 5 - 5 = \underline{\;\;\;}$

$14 - 8 - 2 = \underline{\;\;\;}$ $16 - 2 - 8 = \underline{\;\;\;}$

 2   2   3   4   ~~5~~   6   6

6 $13 - 8 - 2 = \underline{\;\;\;}$ $15 - 5 - 3 = \underline{\;\;\;}$ $18 - 5 - 5 = \underline{\;\;\;}$

$13 - 5 - 3 = \underline{\;\;\;}$ $15 - 8 - 5 = \underline{\;\;\;}$ $18 - 8 - 2 = \underline{\;\;\;}$

$13 - 3 - 9 = \underline{\;\;\;}$ $15 - 3 - 7 = \underline{\;\;\;}$ $18 - 4 - 8 = \underline{\;\;\;}$

 1   2   3   4   5   5   6   7   8   8

› **1–6** Zahlen markieren, die zusammen 10 ergeben und zum Rechnen nutzen.   › FO Seite 50

1 5 7 12

2 8 3

3 6 13

4 9 17

5 7 16

6 8 14

7 7 7

8 8 16

9 6 12

10 13

11 15

12 17

› **10–12** Vier verwandte Aufgaben in das Heft schreiben.

1

15 + 3 = _____
11 + 4 = _____
10 − 8 = _____
6 − 4 = _____
8 − 3 = _____

2

14 − 10 = _____
9 − 4 = _____
6 + 6 = _____
10 − 4 = _____
4 + 5 = _____
16 − 2 = _____

3

8 + 5 = _____
20 + 1 = _____
13 + 6 = _____
10 − 7 = _____
12 − 4 = _____
11 − 6 = _____
5 + 7 = _____

4

6 + 5 = _____
14 + 4 = _____
14 − 9 = _____
10 − 8 = _____
15 + 4 = _____

5

3 + 8 = _____
8 + 7 = _____
12 + 6 = _____
6 − 5 = _____
6 + 6 = _____
3 + 9 = _____
12 − 7 = _____

6

1 + _____ = 20
5 + _____ = 10
15 + _____ = 20
1 + _____ = 10
13 + _____ = 20
6 + _____ = 11
2 + _____ = 14

1	A
2	B
3	C
4	D
5	E
6	F
7	G
8	H
9	I
10	J
11	K
12	L
13	M
14	N
15	O
16	P
17	Q
18	R
19	S
20	T
21	U
22	V
23	W
24	X
25	Y
26	Z

› **1 – 6** Rechnen, zum Ergebnis im Zahlen-ABC den passenden Buchstaben suchen und Lösungswort eintragen.

› **AH** Seite 72
› **FÖ** Seite 59
› **FO** Seite 62–63

Sachrechnen

1 Welche Felder passen zu welchem Bild?
Verbinde und färbe richtig ein.

F **Frage**

L **Lösungs-weg**

A **Antwort**

| Wie viele Kinder sind noch auf der Wippe? | Wie viele Kinder sind auf dem Klettergerüst? | Wie viele Kinder spielen mit dem Ball? |

$10 - 2 = $ ___

$12 - 4 = $ ___

$4 + 4 = $ ___

| Mit dem Ball spielen ___ Kinder. | Auf dem Klettergerüst sind ___ Kinder. | Auf der Wippe sind ___ Kinder. |

2 Auf dem Hof fahren 5 Kinder Roller.
Nun kommen 3 Kinder dazu.

F Wie viele Kinder fahren jetzt Roller?

L _5_ + ___ = ___

A Jetzt fahren ___ Kinder Roller.

3 Zuerst schaukelten 5 Kinder.
Dann springen ___ Kinder ab.

F Wie viele Kinder schaukeln noch?

L ___ – ___ = ___

A ___ Kinder schaukeln noch.

> **1** Ampelfarben für Frage (rot), Lösungsweg (gelb), Antwort (grün) erarbeiten.
> Passende Frage, Lösungsweg und Antwort verbinden und gleich färben.
> **2** Lösungsweg finden, lösen und Antwort ergänzen.
> **3** Text passend zum Bild ergänzen, lösen und Antwort ergänzen.

› AH Seite 73
› FÖ Seite 46, 47
› FO Seite 51

1 Zuerst kletterten 6 Kinder auf der Kletterspinne.
Später verlassen ___ Kinder die Kletterspinne.

F Wie viele Kinder klettern noch?

L _____

A ___ Kinder klettern noch.

2 Mit dem Seil springen ___ Mädchen und ___ Jungen.

F Wie viele Kinder springen Seil?

L _____

A Mit dem Seil springen ___ Kinder.

3 Die Kinder hatten ___ Ballons.
Dann platzen ___ Ballons.

F Wie viele Ballons haben die Kinder noch?

L _____

A Die Kinder haben noch ___ Ballons.

4 Auf dem Tisch standen ___ Dosen.
Davon fallen ___ Dosen um.

F Wie viele Dosen stehen noch?

L _____

A _____.

› 1–4 Text passend zum Bild ergänzen, Lösungsweg finden, lösen und Antwort ergänzen.

› AH Seite 73
› FÖ Seite 72, 73
› FO Seite 51

1 Lina hat sechs lila Murmeln und zwei rote Murmeln.

 **F** Wie viele Murmeln sind es zusammen?

L

A Zusammen sind es ____ Murmeln.

2 Im Garten spielten 9 Kinder. Davon gehen 4 Kinder nach Hause.

 **F** Wie viele Kinder sind noch im Garten?

L

A Im Garten sind noch ____ Kinder.

3 Auf dem Hof spielten 8 Kinder. Nun gehen 2 Kinder nach Hause.

 **F** Wie viele Kinder sind noch auf dem Hof?

L

A Auf dem Hof sind noch ____ Kinder.

4 Mia hat zehn Murmeln. Tim hat sieben Murmeln.

 **F** Wie viele Murmeln hat Mia mehr?

L

A Mia hat ____ Murmeln mehr als Tim.

5 Cara hat 7 Perlen. Tino hat doppelt so viele Perlen.

 **F** Wie viele Perlen hat Tino?

L

A Tino hat ____ Perlen.

› **1–2** Lösungsweg finden, lösen und Antwort ergänzen.   › **AH** Seite 74
› **3–5** Passende Skizze zeichnen, Lösungsweg finden, lösen und Antwort ergänzen.

126

1 Iris hat 9 Minibücher. Davon schenkt sie Luca 3 Bücher.

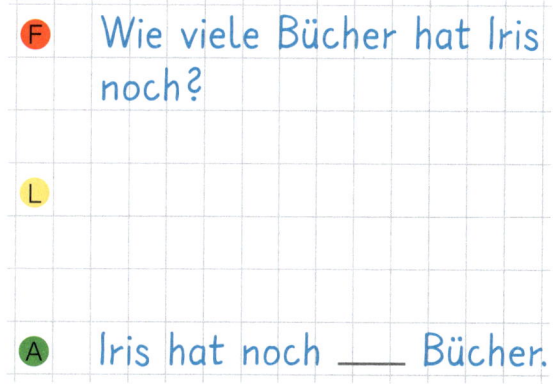

F Wie viele Bücher hat Iris noch?

L

A Iris hat noch ___ Bücher.

2 In der Kiste sind 8 Bälle. Vor der Kiste sind 3 Bälle.

F Wie viele Bälle sind es zusammen?

L

A

3 Eric hat 6 blaue und 5 rote Luftballons. Davon platzen 2 blaue Luftballons.

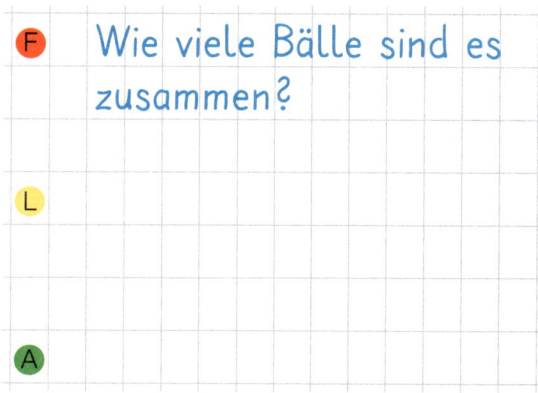

F

L

A

4 Lia hat 11 Buntstifte und verliert davon 4 Stifte.

5 In der Kiste sind 12 gelbe Bälle und 6 rote Bälle.

6 Moritz hat 8 Erdbeeren. Tina hat doppelt so viele.

7 Pia hat 5 Paar Schuhe.

› **1–3** Passende Skizze zeichnen, Lösungsweg finden, lösen und Antwort ergänzen.
› **4–7** Frage stellen, passende Skizze zeichnen, Lösungsweg finden, lösen und Antwort ergänzen.
› **3, 7** Mehrere Lösungen möglich.
› Nach dieser Seite empfiehlt sich Diagnosetest D17.

› AH Seite 74

Daten und Häufigkeiten

Strichliste

Spielplatz	卌 I
Bauernhof	卌 IIII
Tierpark	卌 卌 III
Wald	卌 卌

Für jede Stimme wird ein Strich gemacht.

Wir fassen immer fünf Striche zusammen.

Abstimmung Wandertag:

Spielplatz	卌 I
Bauernhof	卌 IIII
Tierpark	卌 卌 III
Wald	卌 卌

1 Die ersten Klassen haben abgestimmt:

_____ Kinder möchten zum Spielplatz wandern.

_____ Kinder möchten zum Bauernhof wandern.

_____ Kinder möchten zum Tierpark wandern.

_____ Kinder möchten im Wald wandern.

Die meisten Kinder der ersten Klassen haben den _____ gewählt.

2 Auch die zweiten Klassen haben abgestimmt.
Zeichne die Strichliste.

Spielplatz	
Bauernhof	
Tierpark	
Wald	

Abstimmung Wandertag:

Spielplatz	10
Bauernhof	14
Tierpark	12
Wald	6

3 So haben die zweiten Klassen abgestimmt:

_____ Kinder möchten zum Spielplatz wandern.

_____ Kinder möchten zum Bauernhof wandern.

_____ Kinder möchten zum Tierpark wandern.

_____ Kinder möchten im Wald wandern.

Die meisten Kinder der zweiten Klassen haben den _____ gewählt.

› **1** Zahlen aus Strichliste ablesen. **2** Zahlen in Strichliste übernehmen.
› **3** Zahlen aus Strichliste übernehmen.

› **AH** Seite 75
› **FO** Seite 58

128

Balkendiagramm

Ein Kästchen
ist eine Stimme.

1 Die ersten Klassen haben abgestimmt:
Fülle die Tabelle aus und zeichne das Balkendiagramm.

Spiele Klassenfest 1 b:

Balkendiagramm:

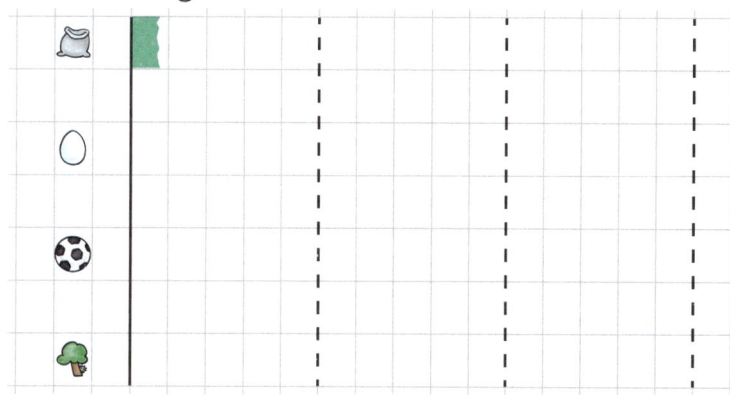

2 Die meisten Kinder der ersten Klassen möchten _____ spielen.

Die wenigsten Kinder der ersten Klassen möchten _____ spielen.

3 Auch die zweiten Klassen haben abgestimmt:
Lies ab und fülle die Tabelle aus.

Spiele Klassenfest 2 a:

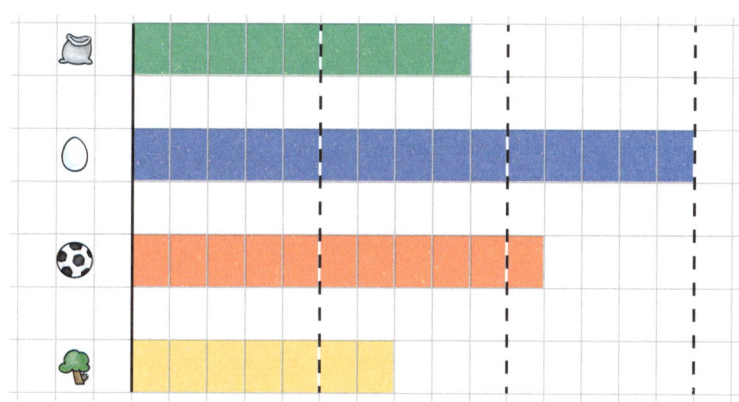

4 Die meisten Kinder der zweiten Klassen möchten _____ spielen.

Die wenigsten Kinder der zweiten Klassen möchten _____ spielen.

› **1** Zahlen in die Tabelle und in das Balkendiagramm übertragen.
› **2, 4** Antworten aus Tabelle oder Balkendiagramm ablesen.
› **3** Zahlen aus dem Balkendiagramm ablesen und in die Tabelle eintragen.

› **AH** Seite 75

129

1 Kleine Häuser. Wie viele verschiedene Häuser findest du?

2 Große Häuser. Wie viele verschiedene Häuser findet ihr?

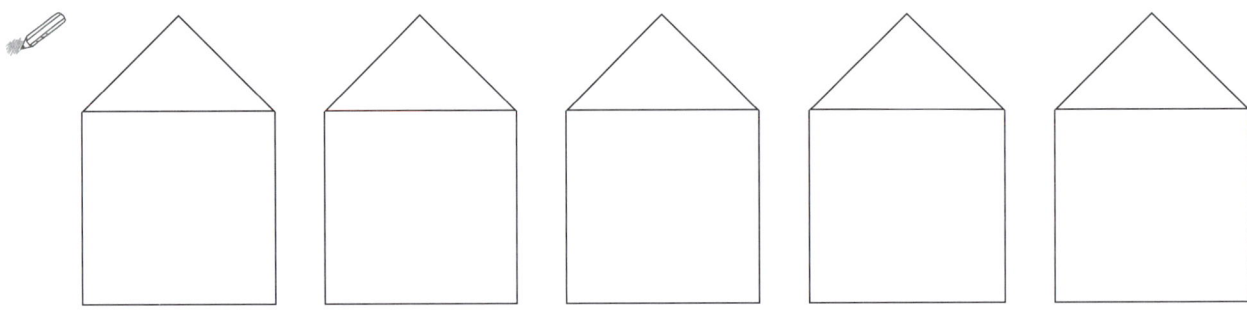

› 1–2 Aus mittleren Quadraten und kleinen Dreiecken verschiedene Häuser legen. Lösungen malen. › AH Seite 76

1 Marie

Welche Häuser sind doppelt?
Streiche einmal durch.

2 Jan

Welche Häuser fehlen?
Färbe.

3 Breite Häuser. Es gibt 8 verschiedene Häuser. Findest du alle?

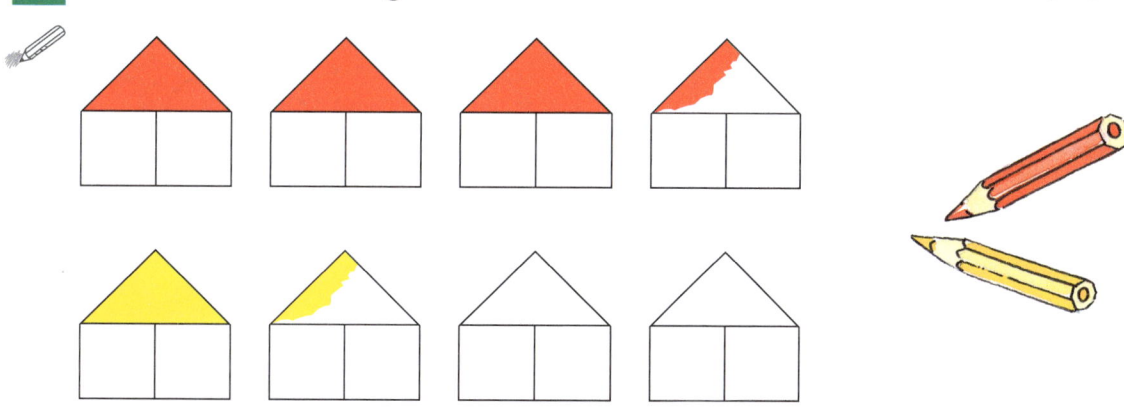

4 Sehr große Häuser. Findet ihr alle Häuser?

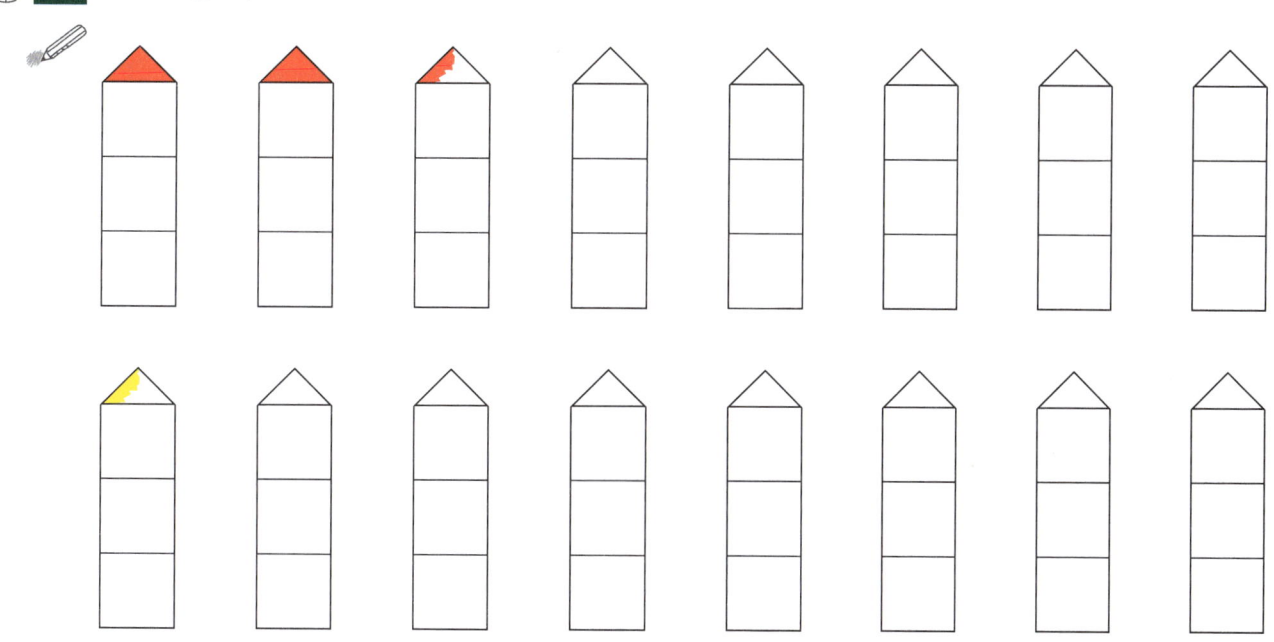

› **1** Doppelte Häuser durchstreichen. **2** Fehlende Häuser färben.
› **3** Aus kleinen Quadraten und mittleren Dreiecken verschiedene Häuser legen. Lösungen malen.
› **4** Aus kleinen Quadraten und kleinen Dreiecken verschiedene Häuser legen. Lösungen malen.
› Nach dieser Seite empfiehlt sich Diagnosetest D18.

› **AH** Seite 76
› **FO** Seite 59

1 14 + 3 = ___

11 + 8 = ___

13 + 5 = ___

12 + 4 = ___

2 3 + 9 = ___

4 + 7 = ___

8 + 8 = ___

5 + 6 = ___

7 Jonas hat 13 Murmeln.
Er schenkt 5 davon Lena.

F

L

A

3

+	4	7	2	
	10			
8				16

4 17 − 5 = ___

14 − 2 = ___

19 − 6 = ___

15 − 4 = ___

5 13 − 5 = ___

16 − 9 = ___

12 − 6 = ___

15 − 7 = ___

6

−	8		9	2
14		9		
				10

8

9

4 €   ___ € zurück.

5 €   ___ € zurück.

10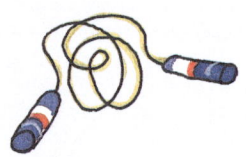

7 €   +   4 €   ___ € zurück.

› **1 – 6** Aufgaben lösen.
› **7** Frage, Lösungsweg, Antwort finden.
› **8 – 10** Zurückgegebenen Betrag eintragen.

132

1 Miss die Strecken.

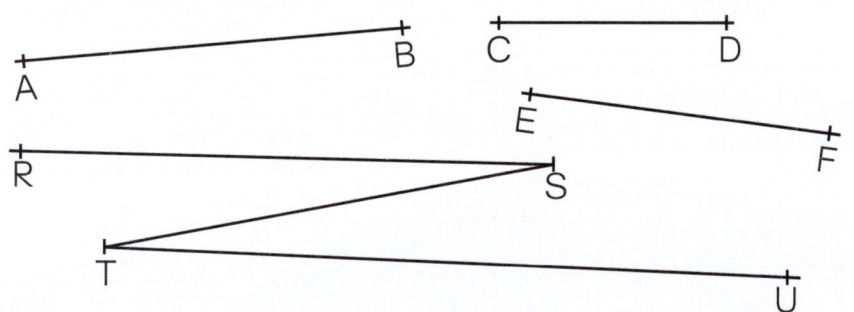

$\overline{AB}$	= ____	cm
$\overline{CD}$	= ____	cm
$\overline{EF}$	= ____	cm
$\overline{RS}$	= ____	cm
$\overline{ST}$	= ____	cm
$\overline{TU}$	= ____	cm

2 Welche Sätze stimmen? Kreuze an.

A ———————————— B

C ———————————— D

R ———————————— S

M ———————————— N

$\overline{RS}$ ist kürzer als $\overline{AB}$. ☐

$\overline{AB}$ ist länger als $\overline{CD}$. ☐

$\overline{RS}$ und $\overline{MN}$ sind gleich lang. ☐

$\overline{CD}$ ist genauso lang wie $\overline{MN}$. ☐

$\overline{CD}$ ist kürzer als $\overline{RS}$. ☐

3 $<$, $>$ oder $=$. Setze ein.

15 ◯ 17   12 ◯ 2

20 ◯ 10   16 ◯ 16

8 ◯ 18   7 ◯ 3

4

V	Zahl	N
	16	
9		
	19	

5

V	Zahl	N
	0	
		14
		11

6

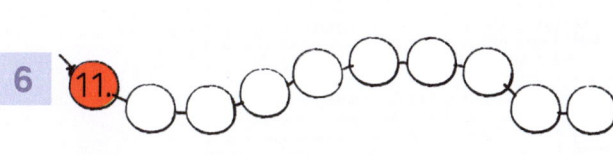

 11., 13., 17., 20.
🖌 12., 16., 18.
🖌 14., 15., 19.

7 4, 6, 8, ____, ____, ____, 16

8 0, 3, 6, ____, ____, ____, 18

9 20, 18, 16, ____, ____, ____, 8

10 19, 16, 13, ____, ____, ____, 1

11 2, 5, 4, 7, ____, ____, ____, 11

12 2, 1, 4, 3, ____, ____, ____, 7

13 8, 9, 6, 7, ____, ____, ____, 3

14 9, 6, 7, 4, ____, ____, ____, 0

› **1** Strecken messen. **2** Richtige Lösungen ankreuzen. **3** Vergleichen.
› **4–5** Vorgänger, Zahl und Nachfolger aufschreiben.
› **6** Perlen entsprechend der Ordnungszahlen färben.
› **7–14** Zahlenfolgen fortsetzen.

133

Zeit

Jahreszeiten und Monate

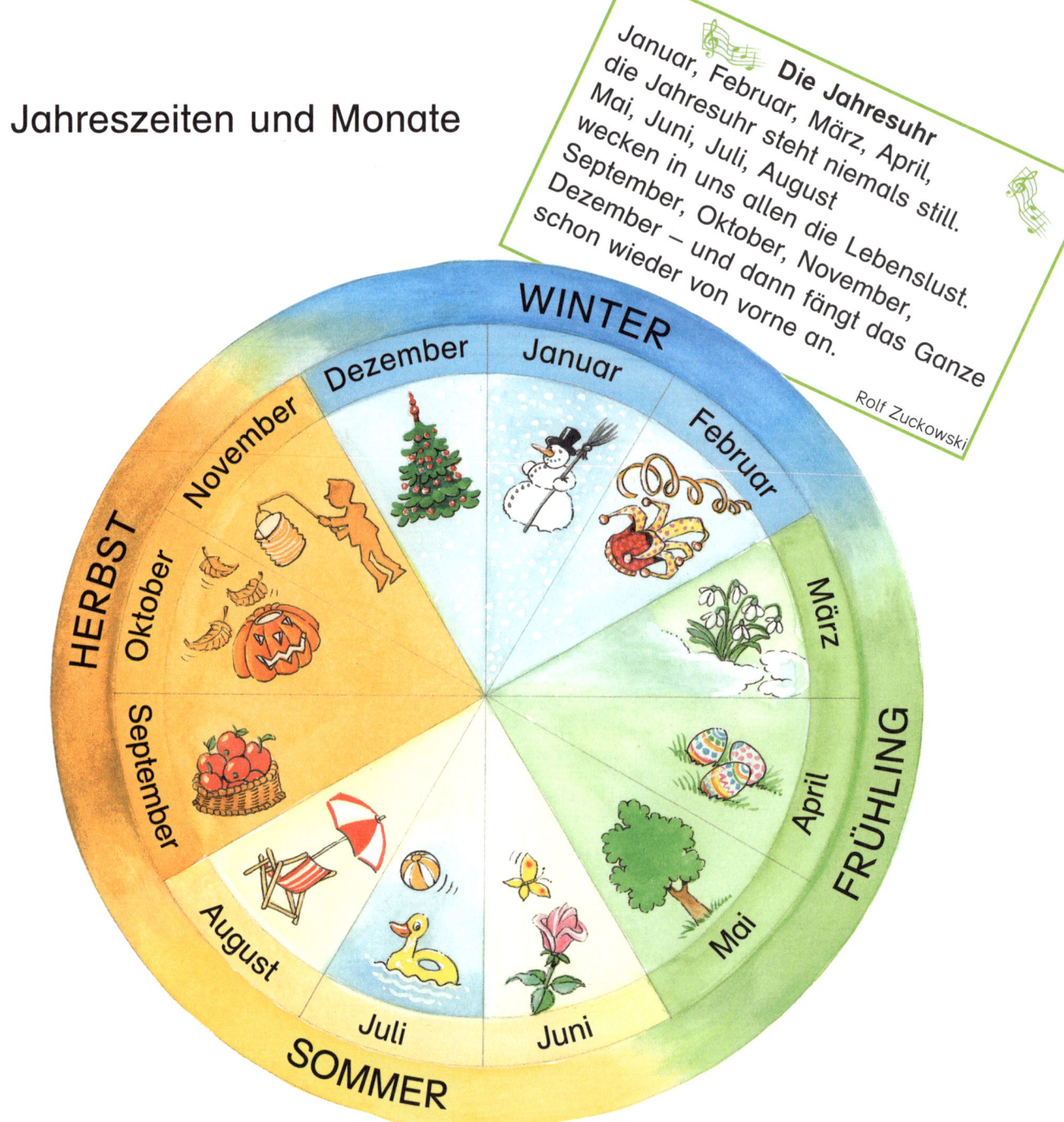

1 Wie viele Monate hat das Jahr?

_____

2 Wie heißt der erste Monat im Jahr?

_____

3 Wie heißt der letzte Monat im Jahr?

_____

4 Welcher Monat kommt nach Mai?

_____

5 Schreibe aus jeder Jahreszeit einen Monat auf.

Frühling: _____   Sommer: _____

Herbst: _____   Winter: _____

› **1–5** Mit Hilfe der Jahresuhr und des Liedes lösen.

Juni

Do	1. Juni:	Geb. Heidi
Fr	2. Juni:	⎫
Sa	3. Juni:	⎬ Besuch Oma
So	4. Juni:	⎭
Mo	5. Juni:	
Di	6. Juni:	Zahnarzt 16 Uhr
Mi	7. Juni:	
Do	8. Juni:	Bastelkurs 15–17 Uhr
Fr	9. Juni:	
Sa	10. Juni:	
So	11. Juni:	
Mo	12. Juni:	Geb. Eva
Di	13. Juni:	
Mi	14. Juni:	
Do	15. Juni:	⎫ Klassenfahrt
Fr	16. Juni:	⎭
Sa	17. Juni:	
So	18. Juni:	
Mo	19. Juni:	Kino mit Lea
Di	20. Juni:	
Mi	21. Juni:	
Do	22. Juni:	Geb. Jörg
Fr	23. Juni:	
Sa	24. Juni:	
So	25. Juni:	
Mo	26. Juni:	
Di	27. Juni:	
Mi	28. Juni:	Schulfest 14–18 Uhr
Do	29. Juni:	
Fr	30. Juni:	

1 Suche Montag, den 5. Juni, im Kalender. Male diesen Tag blau an.

vorgestern		____ Juni
gestern		____ Juni
heute	Mo	_5._ Juni
morgen		____ Juni
übermorgen		____ Juni

2 Kirstens Termine im Juni

Bastelkurs: Donnerstag, 8. Juni

Schulfest: _____

Kino mit Lea: _____

Zahnarzt: _____

3 Eva hat ____ Tage **nach** Heidi Geburtstag.

Jörg hat ____ Tage **nach** Eva Geburtstag.

Heidi hat ____ Tage **vor** Jörg Geburtstag.

4 Wie lange dauert es?

Besuch Oma: ____ Tage

Klassenfahrt: ____ Tage

Schulfest: ____ Stunden

5 Wie lange dauern die Sommerferien?

____ Tage dauern die Sommerferien.

30
dreißig

40
vierzig

5
fün

20
zwanzig

1 Zähle in Zehnerschritten und
zeige an der Hunderterreihe.
10, 20, ..., 100   100, 90, ..., 10

2 Welche Zehnerzahlen liegen dazwischen?

10, _____, _____, _____, 50

40, _____, _____, _____, 80

20, _____, _____, _____, _____, 70

10
zehn

3 <, > oder =. Setze ein.

30 ◯ 50	70 ◯ 100	80 ◯ 40	60 ◯ 70
70 ◯ 40	90 ◯ 50	30 ◯ 60	100 ◯ 40
60 ◯ 100	50 ◯ 20	40 ◯ 90	90 ◯ 80

4

10 + 10 = _____	40 + 10 = _____	50 + 50 = _____
10 + 50 = _____	30 + 60 = _____	20 + 70 = _____
20 + 30 = _____	50 + 20 = _____	80 + 20 = _____

20   50   50   60   80   70   90   90   100   100

5

40 − 20 = _____	90 − 60 = _____	50 − 20 = _____
60 − 50 = _____	100 − 30 = _____	50 − 10 = _____
100 − 20 = _____	70 − 30 = _____	90 − 60 = _____

10   20   30   30   30   40   40   50   70   80

6

› **1 − 2** In Zehnerschritten zählen.
› **3** Vergleichen.
› **4 − 5** Aufgaben lösen.

136

60
sechzig

70
siebzig

80
achtzig

90
neunzig

100
einhundert

1

Zahl		30	
das Doppelte	20		100

Zahl		100	
die Hälfte	40		20

2 Du hast diese Münzen:

Lege: 30 Cent, 50 Cent, 80 Cent, 100 Cent.

3 Du hast diese Scheine:

Lege: 40 €, 60 €, 10 €, 90 €, 20 €.

4 Wie viel Geld ist es?

_____ €   _____ €   _____ €   _____ €   _____ €

100 Cent = 1 Euro (€)

› **1** Tabelle lösen.
› **2–3** Beträge legen. Teilweise sind mehrere Lösungen möglich.
› **4** Geldbeträge zusammenrechnen.

137

Mathematik in der Kunst

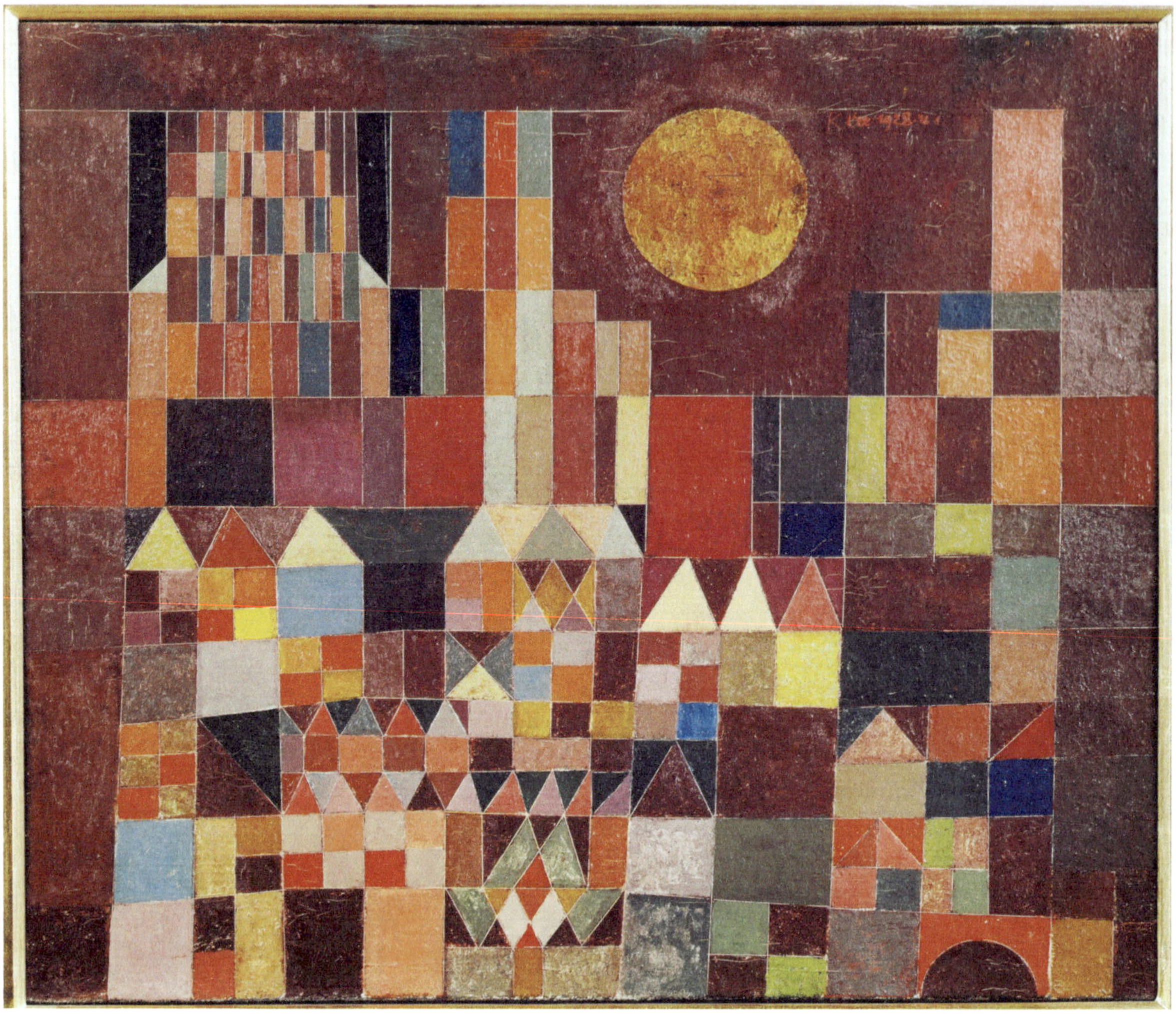

Paul Klee „Burg und Sonne“, 1928

1 Schaut das Bild genau an. Findet die Ausschnitte.

A

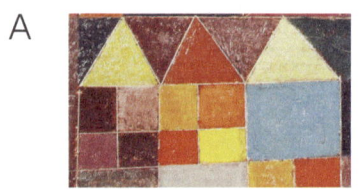

B

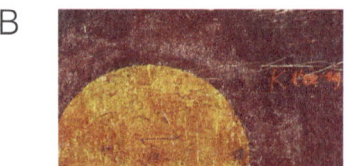

C

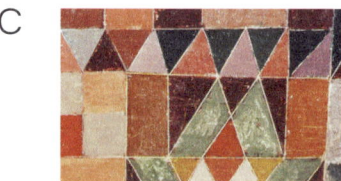

D

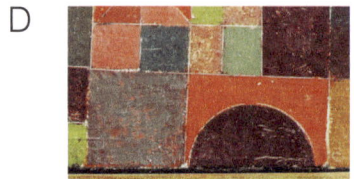

E

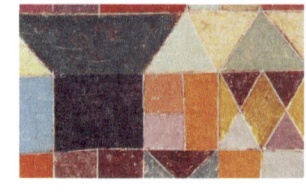

2 Zeichne die geometrischen Formen mit Schablonen auf farbiges Papier. Schneide sie aus. Klebe daraus ein schönes Bild.

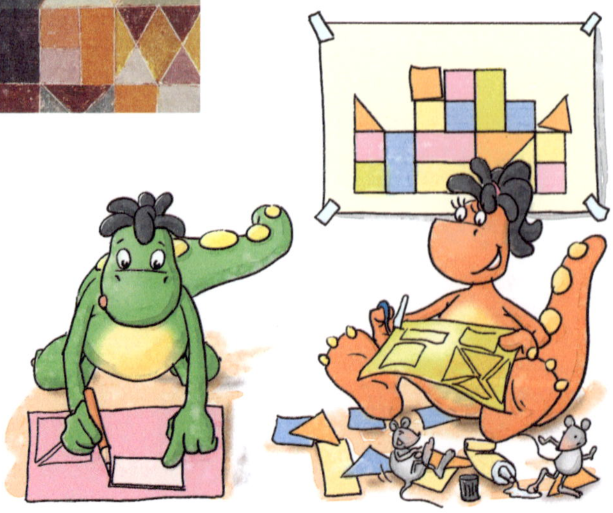

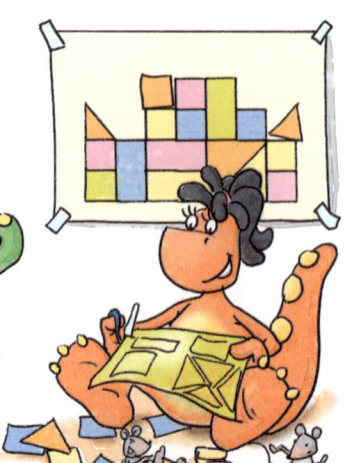

› **1** Über das Bild sprechen, Bildausschnitte finden.
› **2** Eigenes Bild aus geometrischen Formen erstellen.

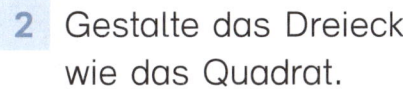

1 Welche geometrischen Formen erkennst du in dem Quadrat?

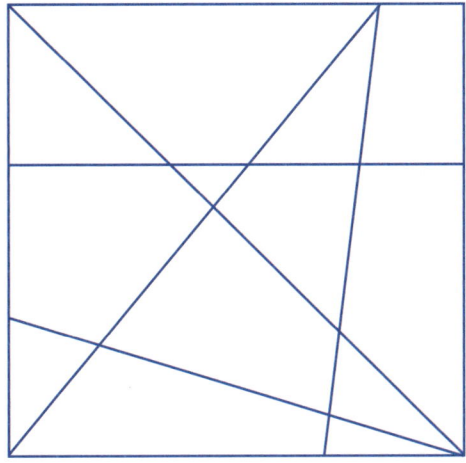

2 Gestalte das Dreieck wie das Quadrat.

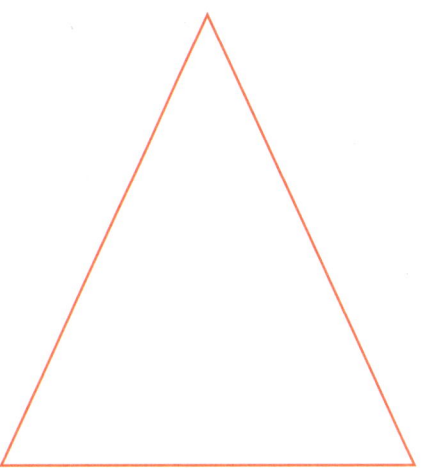

3 Gestalte diese Formen wie das Quadrat.

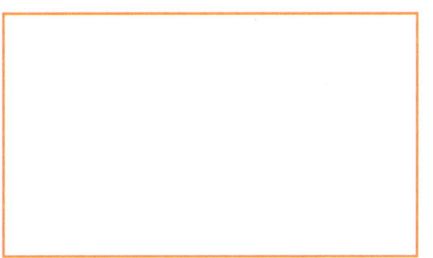

4 Nimm ein quadratisches Blatt Papier. Zeichne die Linien ein. Zerschneide das Quadrat entlang der markierten Linien.

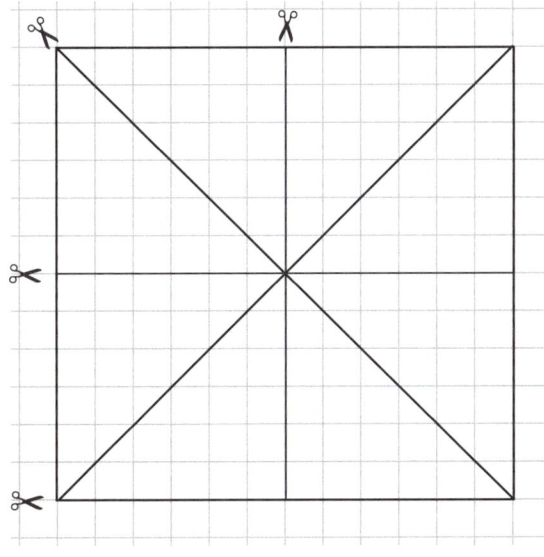

5 Klebe aus den Dreiecken von Aufgabe 4 eine schöne Figur in dein Heft. Male sie an.

6 Gestalte mit einem Partnerkind Figuren. Benutzt dazu 16 Dreiecke.

› **1** Geometrische Formen erkennen.   **2 – 3** Eigenes Gestalten durch Einzeichnen von Linien.
› **4** Schneidelinien einzeichnen oder durch Falten erzeugen.
› **5 – 6** Eigene Figuren aus Dreiecken gestalten.

1

Seitenwechsel
- Spiele alleine.
- Links 3 blaue, rechts 3 rote Plättchen
- Wechsele die Seite. Du darfst schieben oder überspringen.
- Niemals zurück.

Spielvarianten
- Spielt zu zweit.
- Zieht abwechselnd. Ein Kind zieht mit den blauen, das andere mit den roten Plättchen.

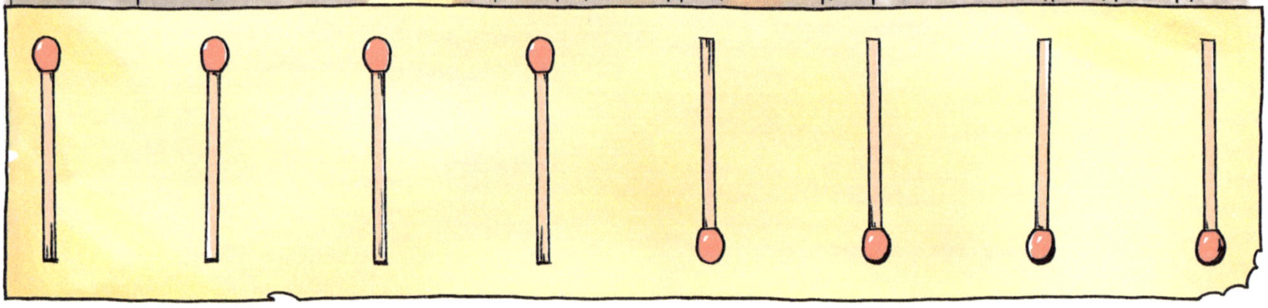

2

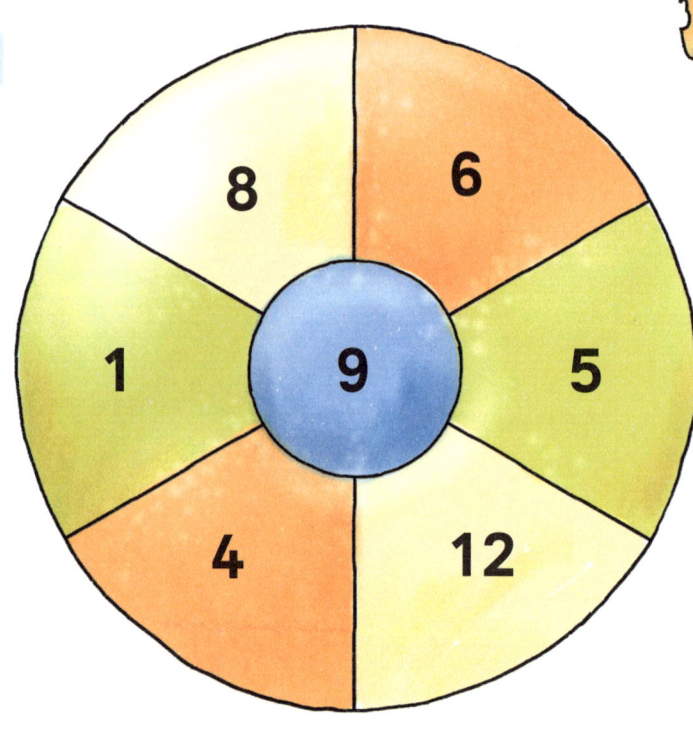

Partnerspiel: Plättchen-Dart
- Schnipse dreimal ein Plättchen auf das Feld.
- Addiere die Zahlen.
- Danach schnipst dein Partner und addiert die Zahlen.
- Wer näher an die Summe 21 kommt, gewinnt.

Spielvarianten
A) Spielt mit einer anderen Summe.
B) Subtrahiert die Zahlen von 20. Wer näher an die Null kommt, gewinnt.
C) Spielt mit drei Plättchen. Schnipst alle Plättchen und addiert dann.

› 1 Spielmöglichkeit für eine oder zwei Personen. Ziel: Die blauen und roten Plättchen wechseln die Seiten.
› 2 Plättchen 3-mal schnipsen, addieren oder subtrahieren. Wer kommt näher an die vorgegebene Zahl?

140

1 Zahlenspirale

- *Ihr braucht:* 2–4 Mitspieler, Spielfiguren, 2 Würfel
- Würfelt abwechselnd und zieht die Augenzahl vorwärts.
- *Ziel:* Wer zuerst auf die 30 kommt, gewinnt.

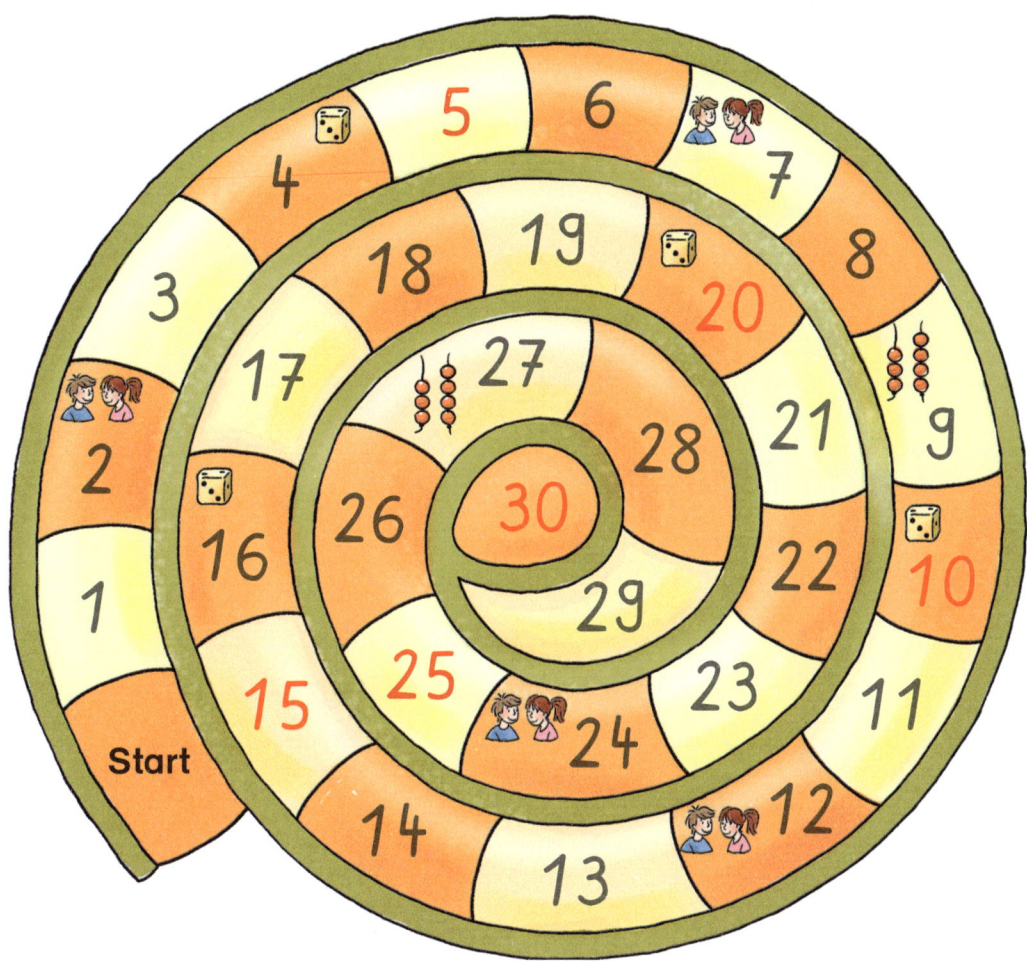

- *Ereignisfelder:*

Würfel mit einem Würfel.
Gerade Zahl: Gehe die Hälfte deiner Zahl nach vorne.
Ungerade Zahl: Ziehe deine Zahl zurück.

Wähle ein Partnerkind.
Es stellt dir eine Aufgabe,
die du lösen musst.
Richtige Antwort: Drei Felder vor.
Falsche Antwort: Bleibe stehen.

Spielt zu zweit.
Würfelt abwechselnd.
Kleinere Zahl: Augenzahl vor.
Größere Zahl: Bleibe stehen.

2 Spielvarianten

A) Spielt mit zwei Würfeln.
   Spielt geschickt.

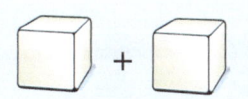 Addiert   oder   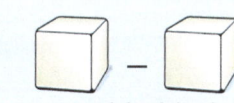 subtrahiert.

B) Malt eine große Zahlenspirale mit Kreide auf den Schulhof.

C) Denkt euch selbst Spielregeln aus.

› 1 Spiel nach Regeln spielen.
› 2 Eigenes Spiel mit der Zahlenspirale und Regeln erfinden.

Wortspeicher und Bausteine des Wissens

Zahlen und Operationen

Zahlenreihe vorwärts und rückwärts fortsetzen

$-4-5-6-7-8-9-$

Nachbarzahlen

Vorgänger   Nachfolger

V	Zahl	N
4	5	6

Zahlen vergleichen

$4 < 6$ $5 = 5$ $6 > 4$

4 ist kleiner   5 ist   6 ist größer
als 6.   gleich 5.   als 4.

Zahlen ordnen

2, 0, 6, 4, 10, 8

0, 2, 4, 6, 8, 10

Ordnungszahlen kennen, der Reihe nach ordnen

1. 2. 3. 4. 5. 6. 7. 8. 9. 10.

Marc ist Erster.   1.

Sven ist Zweiter.   2.

Sachrechnen

F Frage
L Lösungsweg
A Antwort

Rechenschiffe nutzen

Die Kraft der Fünf

$5 + 4$

Zahlzerlegungen

7
3   4

die Zerlegung

7
$0 + 7$
$1 + 6$
$2 + 5$

Grundaufgaben auswendig wissen

$8 + 2$ $9 - 5$
$4 + 6$ $6 - 4$
$+$ $-$
$5 + 1$ $8 - 3$
        $8 - 2$

Gleichungen und Ungleichungen

$3 + 4 = 7$ $3 + 4 > 6$

$9 - 3 = 6$ $9 - 3 < 7$

$9 - 3 = 8 - 2$ $3 + 4 > 3 + 3$

Stellentafel ergänzen

Zehner	Einer
1	3

Additionsaufgabe

Wie viele sind es zusammen?

4 + 3 = 7

4 plus 3 ist gleich 7

7 ist die Summe.

Summand plus Summand ist gleich Summe.

$$\underbrace{4 \quad + \quad 3}_{\text{Summe}} \quad = \quad 7$$

Subtraktionsaufgabe

Wie viele bleiben übrig?

9 − 4 = 5

9 minus 4 ist gleich 5

5 ist die Differenz.

Minuend minus Subtrahend ist gleich Differenz.

$$\underbrace{9 \quad - \quad 4}_{\text{Differenz}} \quad = \quad 5$$

Verwandte Aufgaben

Aufgabe und Tauschaufgabe

3 + 4 = 7

4 + 3 = 7

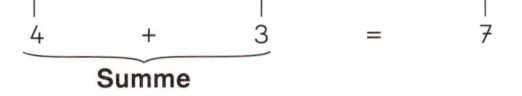

Summanden kann man vertauschen.
Die Summe bleibt gleich.

Aufgabe und Umkehraufgabe

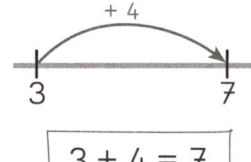
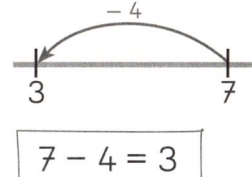

3 + 4 = 7   7 − 4 = 3

Addieren und Subtrahieren bis 20

Grundaufgabe übertragen

15 + 3	Aufgabe	15 − 3
5 + 3	Grundaufgabe	5 − 3

Zehnerübergang

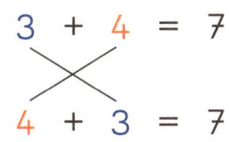

8 + 5 = 13
8 + 2 = 10
10 + 3 = 13

Erst + 2, dann + 3.

14 − 6 = 8
14 − 4 = 10
10 − 2 = 8

Erst − 4, dann − 2.

Entdeckerpäckchen

9	−	1	=	8
9	−	2	=	7
9	−	3	=	6

erste Zahl   zweite Zahl   Ergebnis

Verdoppeln

Das Doppelte von 3 ist 6.
Die Hälfte von 6 ist gleich 3.

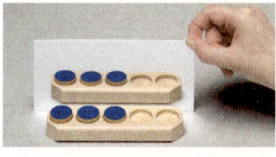

Gerade und ungerade Zahlen

14

15

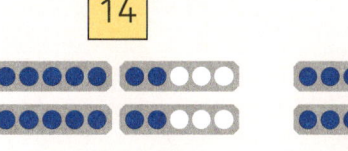
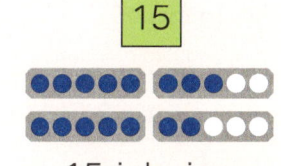

14 ist eine gerade Zahl.

15 ist eine ungerade Zahl.

Tipp für die 9

6 + 9   6 + 10 = 16, dann −1
15 − 9   15 − 10 = 5, dann +1

Raum und Form

Lagebeziehungen

links	oben	rechts
	Mitte	
	unten	

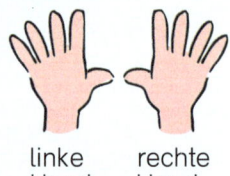

linke Hand   rechte Hand

Ebene Figuren und Körper

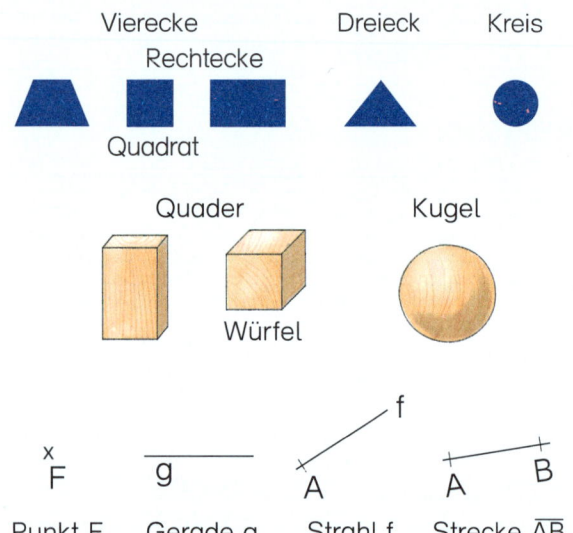

Größen und Messen

Geld: Münzen und Scheine

Cent   Euro (€)

Längen: Strecken messen und vergleichen

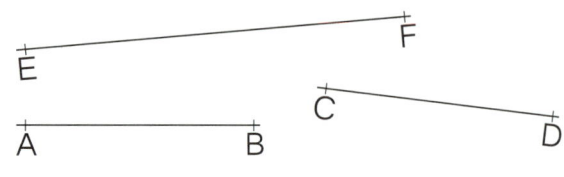

$\overline{AB}$ = 3 cm $\overline{CD}$ = 3 cm $\overline{EF}$ = 5 cm

$\overline{AB}$ ist kürzer als $\overline{EF}$.
$\overline{EF}$ ist länger als $\overline{CD}$.
$\overline{AB}$ und $\overline{CD}$ sind gleich lang.

Daten, Häufigkeiten und Wahrscheinlichkeiten

Daten

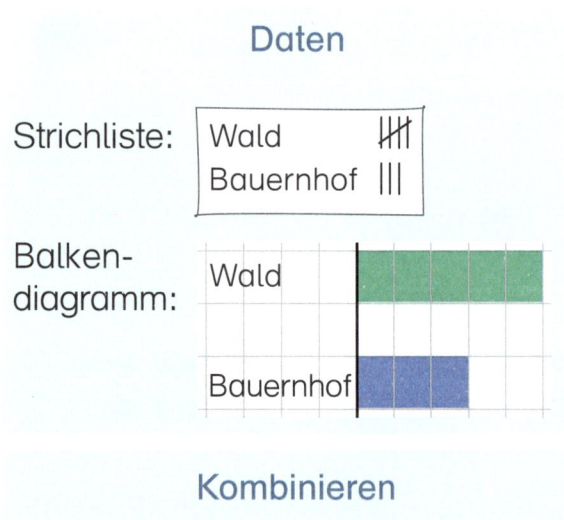

Kombinieren

Kombinatorische Aufgaben durch Probieren oder systematisches Vorgehen lösen.

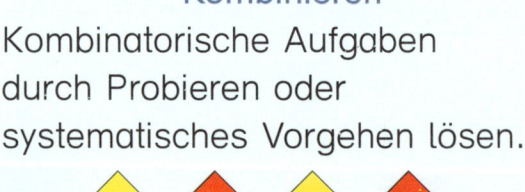

Wahrscheinlichkeit

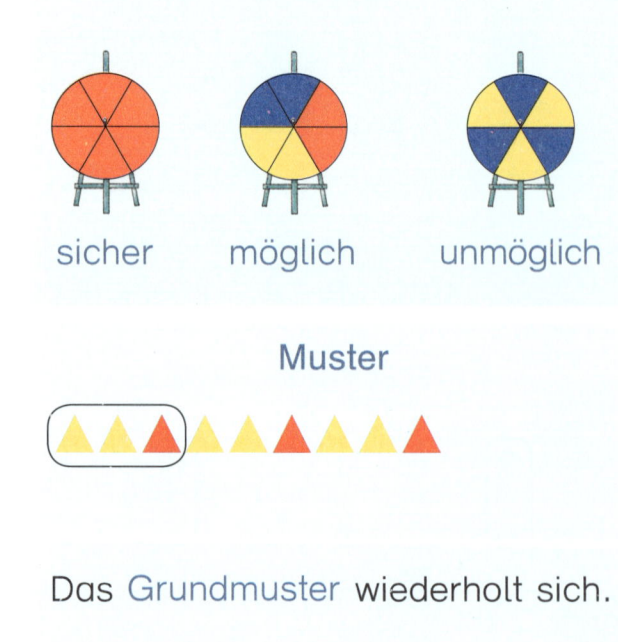

Muster

Das Grundmuster wiederholt sich.